本书由 GEF 海河流域水资源与水环境综合管理项目经费资助

基于区域蒸散的北京市水资源管理

吴炳方　胡明罡　刘　钰　著

科学出版社

北　京

内 容 简 介

本书围绕蒸散（ET）遥感监测与应用，介绍了北京市蒸散监测系统的建设和应用情况。全书共分六章：第一章介绍了北京市水资源供需矛盾及其应对策略；第二章介绍了基于 ETWatch 的蒸散遥感监测系统；第三章介绍了北京市区域蒸散及其特点；第四章介绍了基于遥感蒸散量的大兴区耗水管理；第五章介绍了基于遥感蒸散的节水效果评价；第六章介绍了基于遥感蒸散的北京市水资源合理配置。

本书可供农业、水资源、水利及水利工程、生态和资源环境等专业研究人员、高等院校教师、研究生、本科生，以及水利、农林、气象等部门的工程技术人员和政府决策部门的行政管理人员参考。

图书在版编目（CIP）数据

基于区域蒸散的北京市水资源管理/吴炳方，胡明罡，刘钰著. 北京：科学出版社，2016

ISBN 978-7-03-049078-0

I. ①基⋯ II. ①吴⋯ ②胡⋯ ③刘⋯ III. ①水资源管理-研究-北京市 IV. ①TV213.4

中国版本图书馆 CIP 数据核字（2016）第 142193 号

责任编辑：张井飞 李 静 韩 鹏/责任校对：于佳悦
责任印制：肖 兴/封面设计：陈 敬

科学出版社出版

北京东黄城根北街 16 号
邮政编码：100717
http://www.sciencep.com

中国科学院印刷厂印刷

科学出版社发行 各地新华书店经销

*

2016 年 6 月第 一 版 开本：787×1092 1/16
2016 年 6 月第一次印刷 印张：13
字数：300 000

定价：158.00 元

（如有印装质量问题，我社负责调换）

《基于区域蒸散的北京市水资源管理》
主要编著人员及分工

第一章　　吴炳方　　胡明罡

第二章　　吴炳方　　闫娜娜　　刘绍明

第三章　　吴炳方　　闫娜娜　　曾红伟

第四章　　刘　钰　　彭致功

第五章　　毛德发　　闫娜娜

第六章　　蒋云钟　　甘治国

序

北京是水资源严重匮乏的特大型城市，人均水资源占有量仅约 100m³，约为世界人均占有量的 1/70。水资源短缺已成为北京市经济社会发展的最大瓶颈之一。

随着常驻人口的迅猛增长，城市的不断发展，北京市水资源供给面临巨大的压力，导致地下水超采严重，水环境恶化的局面。为缓解水资源供求的矛盾，北京市先后采取了产业结构调整、节水改造、人口总量控制、南水北调工程等一系列的措施。2014 年底，年供水量近 10 亿 m³ 的南水北调工程供水进京后，北京市水资源供需矛盾有所缓和。因历史水资源欠债较多，将来人口的进一步增长、城市的持续扩张，南水北调工程中线供水只是缓冲垫，而非万能险，用好南调水，缓解北京市水资源供需矛盾的状况依旧任重而道远。

纵观水循环的整个过程，只有蒸散(ET)才是水资源的真正损耗量，因此，只有减少耗水才能实现节水。对地观测技术为流域尺度耗水量的监测提供了有效的解决方案，长时序、高分辨率多源遥感数据的不断涌现，甚至为地块尺度的耗水量的精确量测和节水效果的评估提供了可能。每位遥感工作者都乐于见到研究成果被行业部门所采用，为重大国计民生问题的解决提供支撑。在阅览此书的过程中，我欣喜地看到，我的同事吴炳方博士历时多年潜心研制的区域蒸散遥感监测方法与系统在北京市得到了推广应用。同时，吴博士与刘珏和胡明罡等水利工作者一道，针对北京水资源匮乏的现状，提出并积极实践基于遥感的耗水管理方法与技术，形成一套以北京市水资源可持续利用为基础的区域可耗水总量评估、ET 约束的灌溉用水定额分配、目标 ET 约束的北京市水资源调配等水资源管理方法，构建了北京市 ET 耗水遥感监测、应用分析与信息发布平台，为北京市耗水量的监测、节水效果评估、耗水总量优化配置提供了切实可行的操作平台。

为缓解北京市水资源供需紧张的矛盾，促进水资源的可持续利用，2011 年北京市出台了水资源管理"三条红线"为核心的最严格水资源管理制度。本书是响应北京市最严格水资源管理制度的成果总结，可为"三条红线"实施效果的评估、最严格水资源管理制度的落实提供参考。在本书即将出版之际，我谨向作者表示祝贺，向读者们推荐该书，衷心祝愿这本专著的出版能够进一步推动遥感技术与水资源管理的融合，促进水资源管理方法的不断创新，为水资源的可持续利用与发展贡献智慧与力量。

中国科学院院士

2016 年 6 月 21 日

前　　言

随着北京市人口增长、经济发展和城市规模的不断扩大，北京市对水资源的需求量越来越大，20世纪80年代以来一直维持在40亿 m^3 以上，远远超出区域水资源的总量。水资源短缺以及不合理的利用使得区域内河道干涸、湿地萎缩和地下水超采等生态环境问题突出，严重影响了北京市社会经济的发展，这向水资源管理提出新的挑战。探索新的管理模式是实现首都节水、解决当前水资源问题的一个首要任务。

蒸散是水循环中的要素之一。地球表面通过植被蒸腾，土壤蒸发或者水面蒸发的形式向大气运送着大量的水，即蒸散（evapotranspiration, ET），是水系统中的主要消耗量。蒸散既是区域水循环和能量平衡的重要过程，也是生态过程与水文过程的重要纽带。定量估算区域内的蒸散，并从水资源消耗角度开展区域水资源管理、水权制定与合理分配是一项创新的技术与方法。在过去的几十年中，地表水循环中的 ET 分项由于缺乏有效的监测手段，一度为研究人员和水管理者所忽视。遥感技术为区域蒸散的估算提供了新的技术手段。

本书有三项主要内容，可为我国资源型缺水地区的水资源综合管理提供借鉴。一是蒸散遥感监测系统的建设，即如何获取区域大范围的蒸散数据，用遥感手段进行区域尺度非均匀下垫面的蒸散估算，为新的水资源管理模式提供数据支持，提高北京市水资源的综合管理水平。相对于水文气象学观测，遥感数据具有空间上连续和时间上动态变化的特点，遥感数据的多光谱信息能够提供与地表能量平衡过程和地表覆盖状况密切相关的参数。二是基于蒸散的农业水资源管理方法研究，即如何将蒸散与水权相结合应用于农业用水管理，以及节水效果的评价。三是基于蒸散的水资源管理，着重在利用蒸散开展北京市水资源的合理配置的应用。

本书参加编著人员还有相关单位的何浩、李黔湘、熊隽、吴方明、朱伟伟、庄齐枫、于名召、贾贞贞等。

由于编写时间仓促、作者水平有限，书中不妥之处在所难免，敬请读者和有关专家给予批评指正，以利于本书的修正与完善。

本书得到了世界银行全球环境基金（GEF）"海河流域水资源与水环境综合管理项目"以及中国科学院知识创新工程重大项目"重大工程生态效应遥感监测与评估项目"的支持，也是北京市 GEF 项目的部分研究成果。

作　者

2015 年 5 月 5 日

目　　录

第一章 北京市水资源供需矛盾及其应对策略

第一节 北京市水资源供需现状

北京市位于华北平原北端，行政区域面积 1.64 万 km²，受大气环流影响属于温带大陆性季风气候。冬季受蒙古高压影响，盛行偏北风；夏季处于大陆热低压范围内，受太平洋的东南气流和印度洋的西南气流影响，盛行偏南风。

北京地处海河流域，主要分布有永定河、潮白河、北运河、蓟运河和大清河等五大河系，其中蓟运河、潮白河、北运河通常称为北三河。北三河位于海河流域北部的永定河、滦河之间。北运河发源于北京市昌平区北部山区，通州北关闸以上称为温榆河，以下称为北运河，向南经通惠河、凉水河、凤港减河等平原河道，至土门楼经青龙湾减河入潮白新河。潮白河由潮河、白河两大支流组成，均发源于河北省沽源县，在密云县以南交汇成潮白河，吴村闸以下称潮白新河，至宁车沽闸汇入永定新河。永定河是海河流域北系一条主要河道，上游有桑干河、洋河两大支流，分别发源于内蒙古高原南麓和山西高原北部，两河在河北省怀来县朱官屯汇合后称永定河。

北京市境内多年平均降水量585mm，降水量80%集中在汛期（6～9月），非汛期降水量很少，而汛期降水量又多集中在7月、8月。根据多年（1956～2000年）水文数据显示，北京市年均水资源量38亿m³，其中地表水资源量14亿m³，地下水资源量24亿m³。各主要河流的入境流量是首都的主要水源，由于近十几年上游工农业的发展，用水量不断增加，致使入流量逐年减少，如永定河官厅水库水量由20世纪50年代的18亿m³，减少到目前的年均1亿m³左右。

目前，水资源已经成为制约首都可持续发展的主要问题，体现在水资源供需失衡、局部水污染加重和生态环境持续恶化等方面。北京市人均水资源占有量不足 1000m³，2000 年以来连续 9 年干旱，人均水资源量更是一度低于220m³，按国际标准，属于重度水资源短缺地区。水资源问题已成为影响和制约北京市经济社会发展的主要因素。自 20 世纪 80 年代起，密云水库就不再向天津、河北供水，同时北京市政府也采取了计划用水、节约用水等措施，克服了水资源紧缺的巨大困难，有力地保障和促进了首都经济、社会的发展。但是，随着人口的增多，仅靠牺牲周边地区利益并不是长久之计，南水北调工程的实施可以极大地缓解首都的水资源供需紧张情况，但如果首都自身水资源发展不能形成可持续的良性循环体系，若干年后北京依然会面临水资源短缺的困境。

一个地区的水资源循环方式决定着该地区的水资源可持续利用能力。总体来说，入流大于出流，地区水资源会逐步增加，除了可见的地表水库蓄水量增加外，地下水储量也会上升；反之，地区水资源会逐渐减少，随之而来出现一系列问题，不仅是用水量得不到保证，重要的是水环境恶化，以及一些地质次生灾害。通常来说，一个区域的出流量由三部分构成，一种是地表出流，如河流、沟渠等；另一种是地下出流，这种出流很难测算与监测；还有一种就是蒸发、蒸腾散失。对于北京地区而言，地表流出量易于观测与管理，数量也容易统计，多年平均流出量约14.51亿m^3。北京市2003～2008年平均年蒸发量约533mm，总量达到了86.9亿m^3。通过水量平衡方程，很容易得出，每年北京市水资源净亏损 2.5亿m^3。 如此众多的水从何而来？只有超采地下水！北京市地下水平均埋深由1980年的7.2m，降到了2008年的22.92m。因此，有效地控制蒸发量，可以促进本地区水资源的回补，实现水资源的可持续利用。

第二节　基于遥感技术的水资源管理体制改革

一、遥感技术在水资源管理中的应用

"遥感"（remote sensing）指的是在远距离不接触物体的情况下获取有关物体的各种信息。目前，人们已经能够利用航天、航空（包括近地面）遥感平台上的遥感仪器，获取地球表层（包括陆圈、水圈、生物圈、大气圈）特征的反射或发射电磁辐射能的数据，通过数据处理和分析，定性、定量地研究地球表层的物理过程、化学过程、生物过程和地学过程，为资源调查、环境监测等服务。因此，遥感是以电磁波与地球表面物质相互作用为基础，探测、分析和研究地球资源与环境，揭示地球表面各要素的空间分布特征与时空变化规律的一门科学技术。

来自遥感的测量具有空间上连续和时间上动态变化的特点，实现由点到面的转换：遥感手段可覆盖广大区域，如整个流域的面积，而地面测量则常常由于昂贵的费用和后勤供给条件的约束被限制在狭小的实验区内；遥感获得的信息能按行政单元、流域单元汇总。

遥感技术在水资源和水环境调查中的应用领域十分广泛，其宏观、快速、客观、经济，以及可再现历史的动态变化等优势是其他传统方法所不可替代的。遥感数据与其他水文背景数据进一步相结合，在 GIS 等信息分析和管理技术的支撑下，可向决策者、管理者、咨询者、研究人员和大众提供与水资源相关的重要信息。这种信息在立法、计划编制、水权分配、评估、影响评价、调查研究，以及在健康和环境相关领域都有巨大的潜在作用。下面给出本书内容相关的一些应用。

（一）水利用模式和生产力

随着水资源利用强度的日益加剧，了解水利用模式非常重要。水资源是怎样被消耗的？什么时候是节约水资源的最好时机，怎样提高水利用效率？怎样最优地再分配水资源？使用遥感监测的蒸散数据与土地类型分类相结合，可以方便地得到农田、森林、草地，以及非植被区的蒸散量等，进而评估各土地类型的蒸散（evapotranspiration，ET）值、水利用模式和水分生产率的变化情况。

（二）灌溉系统效率评价

对于灌溉系统，需要进行定期的监测，在大范围复杂地区，遥感估算的 ET 数据在评价和监督灌溉系统性能上可以发挥重要的作用。通过遥感 ET 数据,可以获取土地和水资源生产力的空间变化信息,将地面观测资料与 GIS 环境中的水文模型结合起来,就可对影响其变化的原因作出解释,进而分析灌溉的效果。

ET 数据可用于比较不同灌溉系统的性能,分析不同气候区的作物密度、ET 值和作物胁迫的空间变化。空间变化常被用于评价使用水资源和使用灌溉设施的状况。

(三)水资源规划与水权

制定长期的水资源规划,往往要求有准确的灌溉面积、作物模式、ET 值和水利用的历史数据信息。实际中人们所掌握的信息往往只是统计数据,而不是实际发生的数据。以灌溉面积为例,两者之间会存在着巨大的差异,有的高达 40%～70%。遥感则可以获得实际数据。一旦建立起水权体系,可依据用遥感得到的水资源利用数据,确定用水户的当前和历史用水量。在水权完善后,还可以结合有关水权的地理数据库实施来进一步核查用水量的情况。

(四)运行管理

来自田间的实际水分信息可以帮助进一步提高水分利用效率,通过定期监测田间的湿度指标,管理者可对灌溉方案不断的修正。这样的监控也有助于人们从中发现预定灌溉方案的偏差,分析发生偏离的原因,并相应地调整供水方案。灌溉系统的水分配多数是依据灌溉面积、作物类型、气象条件和作物的需水量来决定的,灌溉渠道的能力则是依据一定比例的作物需水量的最大流量确定的。种植模式可能由于市场机制、水涝或者是旱情而改变,遥感则能定期地更新灌溉区域,从而减少与灌溉区域初始估计值的偏差。

(五)工程影响评价

工程影响评价要求将灌溉工程执行以前和执行以后的情形进行比较。为此在灌溉工程交付使用后,可用遥感技术对工程投入前后的耕作面积、稻田面积和作物产量进行监测估算,量化了灌溉工程实施的影响、单位水生产力的变化、灌溉面积的变化、作物种植结构的变化等,从而对工程投资效果进行分析。

(六)流域水平衡

流域中的所有用户都是相互联系的。上游的开发如森林采伐、灌溉现代化、不断扩展的城市化和工业化发展,也将不断地影响下游沿河地区。那些初看无害于生态,但实际上违背环境规律的活动,很可能已对其他地区的环境产生不利影响。基于遥感的 ET 估算,不仅可以获取农耕地耗水量,也可以获取流域其他地区的蒸散发量,从而迅速对流域水状况作出评价,为水资源的决策服务。

二、基于区域蒸散的水资源管理理念

在传统农业中灌溉效率提高可增加"节水"这一观点指导下,出现了"水越节越少"的奇怪现象,在资源型缺水地区加剧了水资源矛盾,还引发了一系列生态环境问题,区域水资源管理面临着极大的挑战。通过重新梳理水循环和用水过程，核算水账，发现传统农业中由于灌溉效率提高而"节约"的水量，如果没有增加本区域的出境流量或者是补给地下水，而是在本区域内被消耗掉，从区域水文过程来看不能被视为真正的节水量。这一观点已经被很多学者发现并陈述（Willardson et al., 1994; Seckler, 1996; Jensen,2007; Perry, 2007; Wu et al.，2014）。因此，基于"区域耗水量的减少"才是真正的节水这一观点，通过实践形成了一种新的水资源管理理念——耗水管理，通过 ET 控制下的节水，实现水资源的高效利用及可持续利用，是对"供水管理"和"需水管理"的补充和完善（任宪照和吴炳方，2014）。

Wu 等（2014）通过对海河流域耗水管理实践的总结提出了耗水管理的四个步骤，在北京水资源管理中同样适用。实施耗水管理最基本的技术保障是区域蒸散的估算。区域蒸散量（耗水量，ET）能真实反映一个区域的水资源消耗量，通过减少实际 ET 来满足目标 ET。同时，节水措施实施前后的 ET 变化也能够反映节水效果。

一是流域尺度的耗水平衡分析。区域耗水平衡分析是总体上了解水资源消耗状态、进行水资源论证、制定应对政策的首要步骤。基于时间序列的遥感年 ET，结合降水和出入境流量、生活和工矿企业耗水数据，可以开展简单的耗水平衡分析，估算区域水蓄量的变化量，对当前一段时间地下水使用状况有一个总的认识与评价。

二是基于可持续目标进行目标可耗水量的计算。通过遥感监测 ET 值，结合当地降水和土地利用数据，可以分离为可控 ET 和不可控 ET。通过可控 ET 与不可控 ET 分解，计算自然生态系统的耗水量，结合不同年的降水与入境流量可以估算目标平均可耗水量。

三是 ET 在各种用水户间的分配。ET 的分配过程是在目标 ET 的总量限制下，统筹考虑用水户间的耗水公平及优先度，将 ET 划分到不同用水户。在分配过程中优先度不仅仅指经济生态效益，也需要考虑生产效率，如农田耗水需要考虑水分生产率的差异；另外一点就是 ET 分配向水权的转换。基于 ET 管理的水权体系可由三部分内容组成：①取水权，即可以抽取的水量；②用水权，即可以消耗的水量（ET）；③退水权，即必须回归到当地水系统中的水量。核心是用水权的分配。这种制度安排将体现在：①产权结构明晰，取、用、排水的界定有助于对行动者的权利和义务的界定，同时有利于规范的确立；②将目标 ET 的分配（总量控制）与 ET 定额管理相结合，实现了"自上而下"和"自下而上"相结合的分配和管理措施，由此也将引导着水管理体制的改变；③确立用 ET 值分配方式建立水权，对每个用水者或用水机构的行为有一定的控制和制约作用，意味着用水户的广泛参与，从而有利于将河流水资源的受益者或利益相关者有效组织起来，建立基层用水组织，提供资源保护的服务；④将退水权纳入水权体系，能较好地规范和控制公众的排水行为，确保回归河流的水量和水质，从而解决目前日益突出的河流断流和干涸、地下水位急剧下降、河流水质恶化等水资源问题；⑤以 ET 作为分配核心，可较好地解决水资源分配中的不公正行为，防止由于权力机关的保护，稀缺水资源被分配给无效率或低效率的用水部门。此外，这种制度安排还有利于促进排污许可与取水许可制度的结合，有利于搭建流域与行政区域之间的协商平台，促进区域涉水行政事务一体化和基层用水户组织建设进程取得实质性进展。

四是节水潜力评价与节水效果监督。通过工程措施实施前后的典型区与对照区的耗水量比较，结合措施实施信息进行节水潜力评价，为节水规划制定提供支持。另外，通过 ET 的过程监测，以及与目标 ET 的比较开展节水效果监督，提出建设性的建议。如果遥感监测 ET 值大，说明消耗的水量超过了当地可持续的水资源利用量，应人工拦蓄径流，增加实际可利用水量，或采取综合节水措施，减少 ET 值，使实际可利用水量与 ET 趋于平衡；反之如果目标 ET 值大，并且实际可利用水量超过了 ET 值的合理范围，出现土地盐渍化和沼泽化现象，应选择适宜的用地方式和植被类型，使 ET 值接近于当地的水分条件；在此基础上，采取必要的工程措施，减少径流流入，增加径流流出，取得水分的供需平衡。

总之，基于 ET 的水资源、水环境综合管理体系是一种新的理念与思路。利用 ET 加强耗水管理，是解决现行水资源和水环境分割管理行政体制所带来的体制性障碍、保证流域水资源可持续利用和渤海海洋良好的生态环境的一种较好的方法和措施。

参 考 文 献

任宪照，吴炳方. 2014. 流域耗水管理方法与实践. 北京：科学出版社.

Jensen M E. 2007. Beyond irrigation efficiency. Irr Sci, 25: 233-245.

Perry C. 2007. Efficient irrigation; inefficient communication; flawed recommen-dations. Irrigation and Drainage, 56: 367-378.

Seckler D. 1996. New era of water resources management: From dry to wet watersavings. Research Report. International Water Management Institute, Colombo,Sri Lanka.

Willardson L S, Allen R G, Frederiksen H D. 1994. Eliminating Irrigation Efficien-cies , USCID 13th Technical Conference, Denver, Colorado, 19-22 October, 15.

Wu B F, Jiang L P, Yan N N, et al. 2014. Basin-wide evapotranspi-ration management: Concept and practical application in Hai Basin, China. Agric,Water Manag, 145: 145-153.

第二章　北京市 ET 遥感监测系统

北京市作为我国水资源严重短缺的特大型城市，水资源开发利用达到了自然更新的极限，水资源供需形势十分严峻，建设节水型城市已是当务之急。然而，由于农业用水管理的复杂性，在实际工作中仍然面临很多问题，水资源浪费的现象依然严重，其中问题的关键就在于缺乏农业真实耗水量的信息。因此，不掌握农业耗水量就很难建立起以水价为杠杆的水管理调节机制，很难做到减少水资源的浪费，从而也不能建立起先进的节水灌溉制度。

在全球环境基金（GEF）组织资助的《中国 GEF 海河流域水资源与水环境综合管理项目》支持下，以实现"ET 管理"的理念为指导，提出了应用卫星遥感技术监测地面ET 的需求，采用先进的遥感技术与地面观测相结合，形成 ET 立体监测系统，准确、快速和客观地监测区域 ET，并把监测数据用于流域水资源综合管理，构建 ET 遥感监测与应用系统。

采用遥感监测技术，建立北京市 ET 遥感监测集成应用系统，形成从数据采集、预处理、处理和 ET 数据生产再到 ET 数据管理和应用的业务化流程，从而为进行大范围农业用水量的实时监测奠定基础。鉴于 ET 数据生成过程中形成的大量数据（包括ET 数据）是后续应用的基础，采用关系数据库的方式将所有相关数据集中管理起来，并与 ET 遥感监测系统的数据库集成，开发应用分析工具。

第一节　蒸散遥感监测

陆面蒸散是陆地表层水循环中最大、最难估算的分量，同时也是陆面过程中地气相互作用的重要过程之一（陈喜和陈洧洪，2004；辛晓洲，2003）。国际上的许多研究计划和组织对此都十分关注。特别是在 20 世纪 90 年代以后，联合国教科文组织（UNESCO）、国际科学理事会（ICSU）、国际水文学协会（IAHS）和世界气象组织（WMO）等实施了一系列国际水科学计划，如国际水文十年（IHD）、国际水文计划（IHP）、世界气候研究计划（WCRP）、全球能量和水循环试验项目（GEWEX）、国际地圈-生物圈计划（IGBP）等。这些计划几乎都将蒸散量估算列为陆地-大气相互作用、地球气候和水圈相互作用、农业灌排等研究的重要内容之一。

20 世纪 70 年代以来，卫星遥感技术的出现和发展，为准确估算区域蒸散带来了新的活力，并为大面积蒸散的研究提供了一种不可替代的手段。非接触大面积的遥感地表辐射状况和温度状况，可直接提供土壤-植被-大气系统的界面能量信息；多时相的热惯量遥感可提取土壤和植物水分的信息；多光谱与多时相的遥感资料可演绎出下垫面的几何结构信息。这些信息的获取，使得遥感方法能够更加准确的定量描述区域的空间特性，比常规的气象学方法有明显的优越性，近年来遥感方法已广泛应用于蒸散研究（郭晓寅，

2004；马耀明等，1997；吴炳方等，2008）。

蒸散过程是水由液态转化为水蒸气的过程，在地表–大气系统中，蒸散量的大小反映了土壤含水量的损耗和作物的真实需水量，也反映了水循环的消耗过程。蒸散量的观测方法和仪器在不断地发展，出现了如大型称重式蒸渗仪（lysimeter）、涡度相关仪（eddy-convariance）和大口径闪烁仪（large aperture scintillometer）等各类仪器。由于在测量原理、仪器系统等方面存在差异，用于观测蒸散的各类仪器之间还难以形成一致的观测结果（Farahani et al.，2007）。此外，在实际应用中往往需要的是蒸散量的空间分布状况，而非局部点的蒸散值，基于机载或星载的遥感手段是解决此类问题的唯一方法。

地表蒸散量的测量方法较多，一般可分为：水文学方法，如蒸渗仪、水量平衡法等；微气象方法，如涡动相关仪（eddy-covariance system，EC）、波文比–能量平衡测定系统（Bowen ratio energy balance system，BR）、空气动力学法等；植被生理学方法，如热扩散液流测定系统（thermal dissipation sap flow velocity probe，TDP）、气孔计等。目前应用较广泛的地表蒸散量测量方法包括：涡动相关仪、蒸渗仪、波文比–能量平衡测定系统等（Meijninger et al.，2002a）。

蒸散在时间上和空间上是高度变化的（Turner，1991），与气象条件、降水量、土壤水文参数、植被类型和密度的时空格局密切相关。使用遥感监测蒸散是一种通俗的说法，事实上遥感不能直接监测蒸散，但可以直接监测许多影响蒸散的因子，如地表反照率、土壤湿度、地表温度和粗糙度等重要参数，因此需要在这些因子的遥感监测基础上利用模型估算蒸散，如地表能量平衡模型。遥感监测地表蒸散的方法具有空间上连续和在时间上动态变化特点，能够刻画出蒸散量的时空分布与变化，这是遥感监测蒸散区别于传统方法的优势和特点。众多蒸散估算模型在不同地区获得了应用（Allen et al.，2007；Bastiaanssen et al.，1998a；Nishida et al.，2003；Su，1999；吴炳方等，2008）。蒸散遥感监测模型不同于水文模型，既不需要降雨量作为输入，也不需要土壤结构信息，瞬时的蒸发速率直接与地表参数（地表温度、植被覆盖度等）相关，而且提供的是蒸散速率的空间分布信息。遥感方法估算区域蒸散的精度能够满足水文、生态、农业和森林等相关研究的需要（Kalma et al.，2008）。

从地表能量平衡方程、大气边界层理论，以及 SVAT 模型的水热传输规律出发，依靠地面观测发展起来的地气交换模型是遥感监测蒸散的基础，遥感所起到的主要作用是提供模型所需的输入参数，如地表温度、地表粗糙度及到达地表的净辐射等，这类参数具有时空快速变化的特点，可以通过遥感手段方便地获取。但遥感能提供的参数也有限，不能提供蒸散计算所需的所有参数，这就要求对模型做出一定的简化或是将遥感数据与地面观测数据结合起来，发挥出遥感在时空动态监测方式的独特优势。

当前，利用星载遥感数据计算蒸散所用的波段信息有可见光、近红外和热红外。可见光和近红外遥感数据主要用来反演地表反照率和植被指数等地表参数，热红外波段则主要用来反演地表温度和比辐射率。用于 ET 监测的卫星主要包括地球同步气象卫星（如 GMS、FY-2 系列等），极轨气象卫星（NOAA 系列、FY-1/3 系列等），陆地资源卫星（Landsat5、Landsat7、HJ 等），以及 2000 年左右发射运行的 EOS 系列卫星。由于不同卫星探测波段的数量、位置和波谱分辨率不同，过境的时间频度及空间分辨率也不同，因此，将多种卫星信息结合使用，可以实现田间尺度和流域尺度的蒸散估算。

自 20 世纪 70 年代以来，随着机载及星载热红外遥感传感器的发展，遥感方法越来越多地引入到已有的蒸散模型中（Kalma et al.，2008; Mercado et al.，2009），一些较为复杂、繁琐的模型的应用受到限制，而一些作了合理简化、计算方便的模型则得到了广泛的应用。

（一）单源模型

早期的遥感蒸散模型以单源模型为主，单源模型是把植被和土壤当做一个总体热源，假设它只具有一个热交换边界层；通过卫星遥感地表温度代替动力学温度估算地表感热通量（Allen et al.，1998），利用地表土壤热通量与净辐射的经验关系估算出地表土壤热通量（Clothier et al.，1986; Jacobsen，1999; Kustas and Daughtry，1990; Kustas et al.，1993），结合能量平衡方程，获得地表蒸散发。SEBAL 算法（Bastiaanssen et al.，1998a，b）就是单源模型，SEBAL 算法只需要地表参数的遥感数据、常规气象数据、地表植被高度，以及区域地表变量的经验关系等辅助资料。而区域地表变量的经验关系运用于区域时，需要进行模型的本地化处理（Teixeira et al.，2009a，b）。另一个单源模型是基于表面能量平衡原理估算地表相对蒸发的 SEBS 方法（Su，2002），该方法通过计算"剩余阻抗"的方法解决显热计算问题，应用于中低分辨率遥感数据估算地表蒸散中（French et al.，2005; Su et al.，2005）。

（二）双源模型

相比单源模型，双源模型的提出能够提高遥感估算稀疏植被覆盖条件下的潜热精度（Shuttleworth and Wallace，1985; Dolman，1993; Blyth and Harding，1995; Huntingford et al.，1995; Kabat et al.，1997; Norman and Becker，1995;; Wallace and Holwill，1997）。双源模型中，整个冠层的湍流热通量由两部分组成，它们分别来自于植被冠层和其下方的土壤，从整个冠层发散的总通量是组分通量的叠加之和，土壤和植被的热通量先在冠层内部汇集，然后再与外界大气进行交换。双层模型理论上可以分离出土壤蒸发和植被蒸腾，这是单层余项法无法做到的。分离出的土壤蒸发和植被蒸腾可以表征出作物的水分利用效率，在农业水管理中是非常有价值的信息。双层模型的难点问题在于表面温度和净辐射通量的分解。

（三）综合模型

单源模型理论结合地表能量平衡方程可以推导出 Penman-Monteith。Penman-Monteith 综合了辐射和感热的能量平衡和空气动力学传输方程，有着坚实的物理基础；模型提供了一个能反映瞬时能量交换的近似解析表达，将无法确定的蒸散面上的空气动力学温度用气温近似，避免了不确定性较大的地表温度产品的引入（Widmoser et al.，2009）。通过简化模型所需的地表温度的参数化表达，Mu 等（2007）基于 MODIS 和气象模拟数据开发了全球尺度的蒸散量产品（Cleugh et al.，2007; Murray and Verhoef，2007）。然而，冠层和空气动力学阻抗等模型中的大量参数还是基于地表观测得到的（Sun et al.，2009），这些关键性信息对于大尺度上的应用是难于获得甚至是未知的（Raddatz et al.，2009）。

遥感数据与 P-M 模型相结合的应用为其估算区域蒸散发提供了一种新的途径。Jackson（1981）等首先提出将遥感估算的地表参数和 Penman-Monteith 公式结合的方法。它首先是由遥感数据和地面气象资料结合 P-M 模型计算得到下垫面的潜在蒸散发；其次是通过遥感提供的地面参数，如地表温度、地表反照率和植被参数等，计算得到实际蒸散和潜在蒸散的比值系数；最后将该系数与潜在蒸散相乘即得到蒸散发的结果。

Bouchet 于 1963 年提出了陆面实际蒸散与潜在蒸散之间的互补相关原理，即局地蒸发潜力与实际蒸散发之间存在着互补关系的假设，这一假设为区域蒸散发的计算开辟了一条新的途径。目前基于互补相关原理估算区域蒸散发的模型主要有平流-干旱模型（Brulsaerl and strioker，1979）、CRAE 模型（Morton，1983）和 Granger 模型（Granger，1989）等。互补相关模型简化了蒸散发过程，规避了土壤-植被系统复杂的关系和作用。

Crago 和 Crowley（2005）将遥感反演的地表辐射温度作为输入，利用多套实验样地比较了不同复杂程度的互补相关模型。刘绍民等（2004）检验了几种互补相关模型在不同时间尺度、不同气候类型上的计算精度，发现互补相关模型在湿润和干旱的条件下，以及在有效能量偏高和偏低的条件下计算效果比较差，模型的经验参数在不同年型、不同气候类型区域有不同的最优值。尽管如此，互补相关方法仍然可以作为缺少遥感观测数据条件下的应用方案。

土壤热惯量模型用于估算蒸散量时，关键点是把土壤的显热和潜热同土壤热惯量联系起来。由于在植被覆盖区无法完成植被潜热的分解，植被的蒸散实质上是土壤热惯量的干扰信息，目前热惯量方法只能适用于裸土，在有植被覆盖情况下的应用受到限制。为摆脱地表通量模型中的非遥感因子的影响，张仁华在地面实验的基础上建立了以微分热惯量为基础的地表蒸发全遥感信息模型（张仁华和孙晓敏，2002），方法的关键是以微分热惯量提取土壤水分可供率而独立于土壤质地、类型等局地参数；以土壤水分可供率推算波文比而摆脱气温、风速等非遥感参数。并以净辐射通量和表观热惯量对土壤热通量进行参数化，使用接近最高和最低地表温度出现时刻的两幅 NOAA-AVHRR 影像和地面同步观测数据计算了裸沙地上的土壤蒸发分布。但通常认为热惯量方法只适用于裸土或者表层植被覆盖很少的情况。这是因为如果土壤表层植被覆盖度比较高，植被的蒸腾就会影响到土壤水分传输平衡及热量的分配（田国良等，2006）。

由于植被指数和地表温度是描述陆面区域蒸散发最重要的参数，利用遥感反演获得的植被指数和地面温度，以及这两种数据的融合，可以衍生出更为具体的蒸散发过程信息。Ts-VI 空间三角法即是使用地表温度的空间变化对地表净辐射进行分离成地表潜热与地表感热。在遥感影像中，如果区域足够大，像元个数足够多，Ts 与 VI 的空间关系犹如三角形。Ts-VI 空间三角法是 Price 于 1990 年提出的，它的思路是定义水分亏缺指数（WDI）结合潜在蒸散（PET）来表示实际蒸散（Nemani and Running，1989；Moran et al.，1994）。Ts-VI 空间三角法的优点是避开了对地气交换过程的模拟，从而也避开了对表面阻抗等复杂参数的计算，缺点是缺乏理论基础，梯形顶点的确定具有较大的不确定性，理想的"干、湿边"范围难以仅由遥感数据确定。但由于其方便实用，主要应用于土壤干旱状况的空间制图。

遥感数据反演的地表温度与植被指数在一定程度上能够反映土壤水分差异和植被生长的状况。地表净辐射作为热源对地表及贴地大气层的增温或降温起到重要作用，并影响日蒸散量的反演精度。研究者通常将植被指数、地表温度（或地表温度差）、地表净辐射等地表特征参数与地面观测的蒸散量进行回归分析，即可建立的经验模型，用于估算区域蒸散。

Wang 等（2007）发现影响地表潜热的主要地表参数包括地表净辐射、空气温度或者地表温度，以及植被指数；为了避开遥感蒸散复杂的模型，通过与地面实测蒸散数据结合建立了基于地表净辐射、地表，以及植被指数的简单经验模型。基于植被覆盖度（Anderson and Goulden，2009； Choudhury et al.，1994；Schüttemeyer et al.，2007）、土壤水分（Wang et al.， 2008a）等地表参数与地表蒸散的简单经验模型相继建立。由于这些经验方法计算过程简单，所需参数较少。但是，由于蒸散与地形、植被状况、土壤湿度、大气条件等地表的热力和动力特性呈非线性关系，使得模型具有很强的局限性（Lu and Zhuang，2010；Yang et al.，2006）。因此这些模型在运用到区域时，需要模型的标定；为了减少对模型的标定，提出了一些可以被运用到不同地表类型具有普适性的经验模型（Wang et al.，2008a；Wang et al.，2010b）。

综上所述，在进行区域尺度非均匀下垫面的蒸散发估算的研究中，遥感蒸散模型已经成为该应用领域的重要研究方向。尽管遥感蒸散模型得到了越来越多的应用，但是还存在着一系列问题，包括如何获得空间上一致时间上连续的数据产品；空间尺度的不匹配及直接观测资料的缺乏，使得遥感蒸散结果的验证非常困难。

由于蒸散过程的复杂性，影响估算精度的不确定因素非常多，如地表参数反演精度、蒸散模型适用性、时间扩展、平流与局地环境的影响等（黄妙芬等，2004；高彦春和龙笛，2008）。吴炳方等（2008）针对 SEBAL 模型和 SEBS 模型各自的优缺点、适用性，以及遥感应用特点提出了业务化遥感蒸散监测方法 ETWatch，并应用到北京市区域蒸散监测的工作中。ETWatch 能获得逐日连续的蒸散产品，能够形成业务化的区域尺度上陆面蒸散遥感监测处理链，该系统面向水资源管理和农业节水管理的实际应用需求，实现了区域蒸散的业务化遥感监测。

ETWatch 采用了余项法与 Penman-Monteith 公式相结合的方法计算蒸散（图2.1）。首先根据数据影像的特点选择适用的模型，在高分辨率、空间变异较小、地物类别可分的情况下使用 SEBAL 模型与 Landsat TM 多波段数据反演晴好日蒸散，而在中低分辨率、空间变异大、混合像元占多数的情况下使用 SEBS 模型与 MODIS 多波段数据反演晴好日蒸散；遥感模型

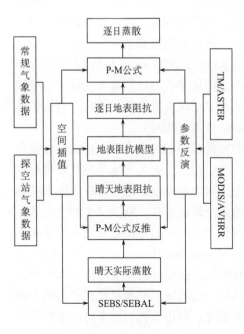

图 2.1　ETWatch 蒸散量计算流程图

常常因为天气状况无法获取清晰的图像而造成数据缺失，为获得逐日连续的蒸散量，引入 Penman-Monteith 公式，将晴好日的蒸散结果作为"关键帧"，基于关键帧的地表阻抗信息，构建地表阻抗时间拓展模型，填补因无影像造成的数据缺失，利用逐日的气象数据，重建蒸散量的时间序列数据（吴炳方等，2008），并通过数据融合模型，将中低分辨率的蒸散时间变化信息与高分辨率的蒸散空间差异信息的相结合，构建高时空分辨率蒸散数据集，同时提供流域级尺度的（1km）和地块尺度（10～100m）的蒸散监测结果，满足水资源评价与农业耗水管理的需求（Wu et al.，2008a）。模型在应用到区域时均采用地面观测数据对模型参数进行了标定。

ETWatch 应用 PEST（parameter estimation）软件进行模型参数标定与优化。PEST 工具，是独立参数估计程序，可用于模型校正和预测分析，目前广泛应用于地下与地表水文地质学、地球物理、化学，以及其他许多领域的模型校正和数据插值。PEST 中的核心非线性参数估算方法是 Gauss-Marquardt-Levenberg 算法（Marquardt，1963），是一种最速下降算法。

实际蒸散的计算过程包括：重要参数的提取（地表温度、比辐射率、植被覆盖度）、地表辐射平衡计算、土壤热通量计算、粗糙度长度和阻抗计算、显热通量和蒸发比计算。基于 PEST 实现的自动标定模块，可以根据所用的遥感影像和地面数据生成参数集，可以对于不同的传感器数据、不同的气候区域，设置不同的参数集。某些参数也可预先通过模拟计算得出，作为查找表的一部分加快计算的速度。

第二节　北京市 ET 遥感监测集成应用系统总体结构与流程

北京市 ET 遥感监测集成应用系统主要起到两个方面作用：首先从数据采集方面，可以看做是数据采集系统，与其他数据采集系统，如地下水抄表系统、土壤墒情报送、水务信息管理系统等一样，提供重要的数据源，而该数据源也正是水业务应用所需要的关键信息所在。因此，ET 监测系统与其他数据采集系统构成了完整的信息采集体系。与雨量站观测降水数据、水文站观测流量一样，ET 监测系统是观测水循环四要素中的蒸腾蒸发量数据（ET），只是观测手段不再是布设站点实地观测，而是采用遥感手段来实现。通过 ET 监测系统得到的 ET 数据，可以与降水量数据、水文数据一样提供给水务局其他部门使用，如水资源评价、节水评价和规划等。

ET 监测系统同时也是信息分析系统，提供了对于 ET 信息的空间分析、时间序列分析与综合分析，从更高层次为业务管理提供信息服务，为农业节水、水资源与水环境综合管理等提供信息支持。鉴于当前北京、海河流域乃至全国的水资源短缺、农业节水迫在眉睫的严峻形势，充分利用当前遥感监测ET技术及其相对于传统ET观测方法的优势，监测不同时空尺度 ET 值，通过 ET 管理，控制灌溉用水量，减少地下水开采，并为生态环境提供更多的地表水。从数据获取、数据预处理、ET 数据生产到 ET 应用及信息发布的业务流程化，为大范围的 ET 应用于水资源与水环境管理奠定基础。

一、系统总体结构

北京市 ET 遥感监测系统的建设是在国家行业标准和安全体系基础上，通过采集区域内的实时数据包括遥感数据、气象和地面观测等非遥感数据，服务于 ET 处理与应用。ET 处理系统是北京市信息化建设的组成部分，它的体系结构服从整个信息化规划的总体思路，满足信息化建设的要求。

系统体系结构分为四层：信息采集层、处理层、数据层和应用层，如图 2.2 所示。

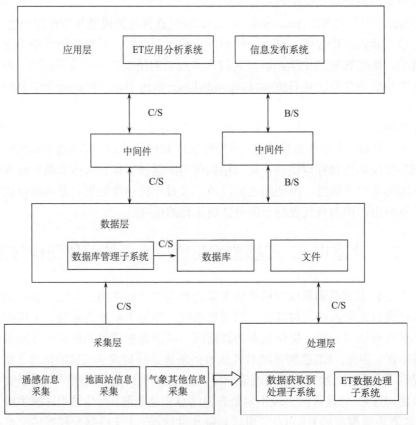

图 2.2　系统体系结构

采集层是 ET 监测系统进行数据处理运算的部分，是应用分析的输入模块，提供系统运行所需要的数据源，包括有遥感数据、气象数据和地面观测站数据等。处理层是 ET 监测系统的运算核心。处理层主要包括数据获取与预处理、ET 数据处理等过程。处理层衔接了信息采集层的数据输入，同时也依赖着数据库存储数据的支持，在此基础上才能运行数据处理。因此，处理层需要上下两个层的支持才能完成处理的功能。数据层是 ET 遥感处理链与应用系统的中枢系统，所有采集的数据/信息都需要数据库进行管理，然后提供给各应用子系统，进行具体的运算，并形成信息产品，信息产品仍然由数据库管理，最后用于信息发布。应用层是 ET 遥感监测系统的分析与表达层，在应用与表达的不同层面上，分为两个子系统：ET 应用分析子系统和信息发布子系统。

　　根据北京 ET 遥感监测系统的业务需要，系统总体设计采用 B/S 与 C/S 相结合的方式。其中数据获取子系统、数据预处理子系统、ET 数据处理子系统与 ET 应用分析子系统与数据库之间采用 C/S 结构；ET 信息发布子系统与数据库之间则采用 B/S 结构。其中在应用系统与数据库服务之间通过中间件实现数据交互。中间件主要通过空间数据引擎和 ArcIMS 实现其功能。其中，空间数据引擎主要负责应用系统与数据库之间关于空间数据的交互，而 ArcIMS 则负责 B/S 结构的信息交互。

　　ET 监测系统包括数据获取子系统、数据预处理子系统、ET 数据处理子系统、数据库建设与管理、统计分析与应用分析工具、信息发布系统和 ET 监测业务集成系统七个子系统，涵盖了从数据处理、数据管理、数据分析到信息服务的流程化环节。七个方面的系统开发实施形成北京市 ET 遥感监测集成应用系统。

　　数据获取子系统，主要获取所需要的遥感数据如 MODIS 数据，以及其他辅助数据，对数据进行质量检查并进行存档编码和备份。

　　数据预处理子系统，包括气象数据的预处理、遥感数据的几何纠正和大气纠正等预处理。

　　ET 数据处理子系统包括四个方面，分别利用 AVHRR/MODIS 和 TM 数据估算不同分辨率的瞬间 ET 值，利用气象数据计算潜在 ET 值，然后通过对上述三类 ET 数据的集成分析，生成分辨率分别为 1km 和 30m 的每日 ET 数据，并累计成每旬、每月和每年的 ET 数据。

　　数据库建设与管理系统是将生成的 ET 数据及分析得到的 ET 信息，以及生产 ET 时所用到的各类辅助信息进行统一管理，为数据处理和分析提供集中的数据管理平台。数据库管理系统允许用户对数据库进行维护、更新、查询和输出。数据库建设需要考虑与现有数据库的集成，需要通过用户需求分析确定数据库管理系统的功能。

　　统计分析与应用分析。统计分析是根据用户的要求，对 ET 数据进行统计，生成信息产品。信息产品本身也要存入数据库，如不同土地利用类型的 ET 值，不同行政单元的 ET 值等。需要考虑目前用户的使用习惯，进行详细的需求分析。应用分析是在用户提供模型的基础上，开发应用工具，用于区域水平衡、ET 定额计算、节水效果评价和节水潜力分析等。

　　信息发布系统。该子系统是基于 B/S 的信息服务系统，将 ET 数据和信息，以及分析结果通过网络提供服务。需要对不同的用户进行需求分析，包括水务局领导、水电中心领导、水电中心其他职能部门、ET 中心的领导等。

　　ET 监测业务集成系统。实质上对上述几个系统根据用户的工作特点和习惯进行集成，将数据处理和分析的工作通过业务链串起来，尽可能减少人工干预的强度，减少操作人员的强度，提高工作效率的同时，提高可靠度。需要进行用户业务过程的分析，以便 ET 监测系统的业务过程与用户的业务过程相适应。

二、系统业务流程

　　北京市 ET 遥感处理链与应用系统的一个显著特征是业务流程化，即子系统或模块之间不是并列或同步，而是有着顺序性与先后性，每个子系统的输入为其上环节系统的输出，而该子系统的输出也成为下个子系统的输入。因此，为满足系统的业务运行需要，同时达到最小化人工干预，实现自动化处理，在北京市 ET 遥感监测系统建设内容中特别包括业务集成系统。

业务流程化的过程，同时也是对业务处理过程数据流分析的过程。通过现有业务过程的整合、规范化，提取出标准的业务处理过程。因此，在总体设计系统体系结构时，首先需要从总体框架上分析清楚各个应用子系统之间的流程关系（图 2.3）。

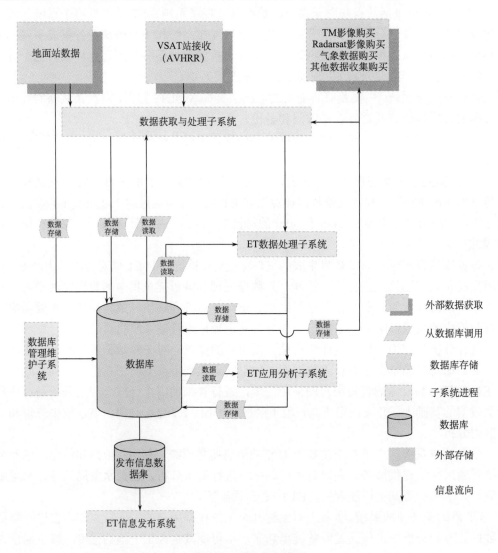

图 2.3　系统业务流程

在上述处理流程中，各个子系统之间从前到后、从上到下有着顺序性，形成一条严格的数据处理链条。数据库系统是贯穿于这个链条上的特殊节点，因为在每一个子系统处理过程中，均与数据库交互，需要数据库数据支持，数据处理和分析后的结果需要数据库存储。

　　数据获取与处理子系统的输入数据是不同尺度和来源的遥感数据及地面观测数据，数据经过质量控制和预处理后得到的产品存入数据库，并作为 ET 数据处理子系统的输入数据，经 ET 计算模块得到不同时间分辨率的 ET 产品并存储到数据库中。ET 应用分析子系统通过读取数据库获取 ET 产品作为输入，同时从数据库中读取基础数据（如行政边界）或专题数据（土地利用或作物分布），进行 ET 数据的统计分析，并将统计分析结果存储到数据库。同样 ET 信息发布系统也是从数据库中获取 ET 产品和 ET 统计信息，服务于不同用户对信息的查询浏览。

（一）数据获取与预处理

　　遥感数据获取与预处理系统是实现对中低分辨率数据、高分辨率数据，以及气象数据的获取与预处理。中低分辨率遥感数据指 AVHRR 和 MODIS；高分辨率遥感数据指 TM 等。遥感数据和气象数据的获取与预处理，对经过质量检测的数据重新编码和存档处理，同时对结果和质量评价信息进行存档和入库处理。

　　不同数据存储格式、处理的流程和算法都是不同的，通过流程分析、分解与汇总，将数据获取与处理子系统划分为五个模块：遥感影像原始 1B 数据获取、气象数据预处理、地面观测站数据预处理、AVHRR/MODIS 预处理、TM 获取预处理。各部分均包括数据读取、质量检查和文件编码与存档三部分。系统结构如图 2.4 所示。

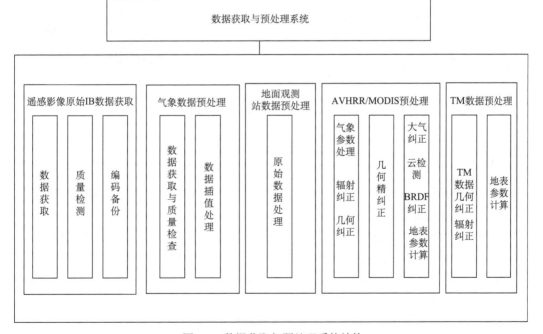

图 2.4　数据获取与预处理系统结构

　　AVHRR/MODIS 1B 数据的获取：数据获取与质量检查和评价，提出基础的质量评价标准；数据编码，通过质量检查后的数据编码与备份，提出编码准则。不同遥感影像数据其原始文件格式、数据存储格式均不同，因此在数据读取的过程中开发了不同卫星数据的读取模块。AVHRR、MODIS和TM的存储格式分别为NetCDF、HDF和Fast1B格式。

遥感影像数据预处理：该模块实现了面向 AVHRR、MODIS 和 TM/ETM 三种遥感器的多光谱数据预处理功能。预处理功能包括辐射纠正、几何纠正、大气纠正、云检测、BRDF 纠正和地表参数计算 6 个模块，针对不同的遥感数据其核心算法不同。

气象数据是影响 ET 生产精度的重要输入数据，包括气温、湿度、风速、大气压和日照时数等。气象数据的获取与处理功能包括气象数据的获取与质量检查；气象数据的插值处理，实现气象参数插值过程的自动化处理。气象数据预处理实现了利用站点数据及经纬度信息进行空间插值的功能，包含了 4 种空间插值方法：最近距离权重法（IDW）、样条插值法、克里金插值法和径向基函数插值。

遥感数据和气象数据处理界面如图 2.5 所示。

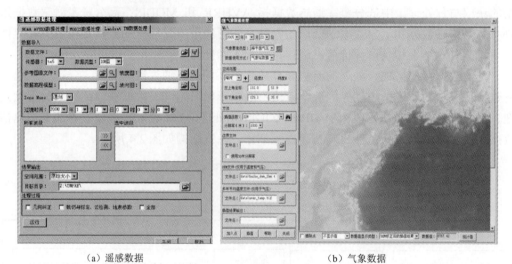

　　　　（a）遥感数据　　　　　　　　　　　　　　（b）气象数据

图 2.5　遥感数据和气象数据处理界面

（二）ET 数据生产

ET 数据处理子系统是实现设定区域的低分辨率逐日和高分辨率逐月实际蒸散估算，同时提供计算模型的参数定制和标定功能。

ET 数据处理子系统包括四个方面，分别利用不同分辨率的地表参数结合气象插值结果估算不同分辨率的卫星过境日 ET 和地表阻抗；基于低分辨率卫星过境日遥感反演参数基于时间重建模型计算低分辨率逐日地表阻抗；利用气象数据和重建后的地表阻抗，基于 Penma-Monteith 方程计算低分辨率逐日 ET；利用累加低分辨率 ET 和高分辨率 ET，基于 STARF 模型进行 ET 数据的融合，生成高分辨率（30m）的每月 ET 数据。

ET 数据生产子系统实现了覆盖北京市逐日低分辨率和逐月高分辨率蒸散的监测。同时，为了充分利用地面观测通量数据，实现对模型的定期标定，设计开发了模型的参数标定与验证功能。根据系统业务流程，从实现的功能角度划分，ET 生产子系统总体结构如图 2.6 所示。

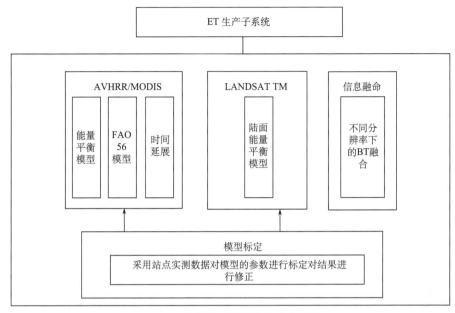

图 2.6　数据处理子系统总体结构图

　　ET 计算子系统通过对核心模块——卫星过境日 ET 估算模型、FAO56 参照 ET 模型、地表阻抗时间重建模型、ET 数据融合模型的输入数据和输出数据的确定，开发了各个模块间的接口，以无缝方式集成了 ETWatch 模型，实现了卫星过境日不同分辨率遥感 ET、逐日低分辨率 ET，以及逐月高分辨率 ET 的计算。

　　系统所用的蒸散数据采用 ETWatch 系统方法计算，该系统利用多源遥感数据（Landsat TM 和 MODIS/AVHRR），采用余项式与 P-M 方程相结合的方法计算蒸散。以 Penman-Monteith 方程为基础，采用多时相的可见光/热红外遥感数据，以及每日常规气象数据，建立下垫面表面阻抗模型，使用邻近晴好日的阻抗外推得到有云日的阻抗，利用逐日气象数据与遥感反演参数，获得逐日连续的蒸散，形成业务化的区域尺度上陆面蒸散遥感监测处理链（吴炳方等,2008; Wu et al., 2012）。基于低分辨率和高分辨率遥感数据的 ET 运算界面如图 2.7 所示。

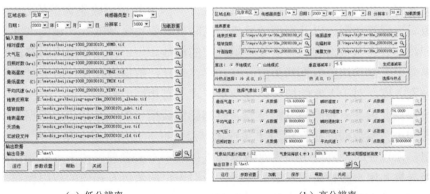

（a）低分辨率　　　　　　　　　　　　　　　　（b）高分辨率

图 2.7　基于低分辨率和高分辨率遥感数据的 ET 运算界面

根据 ETWatch 模型中主要输入参数，以及地面观测数据处理可以获得的观测参量，系统建立了参数标定与验证流程。对于标定功能，从地面观测数据库中提取地面观测站点的地温、植被覆盖度、净辐射、瞬时土壤热通量、瞬时蒸发比等，同时从遥感监测库中获取遥感 ET 估算中的输入和中间结果，利用观测站点经纬度提取对应位置对应时间的遥感估算值，通过标定软件，计算得到一组新的参数，用户可以根据需求更新已有的参数库。

对于验证功能，主要是利用地面观测站点的潜热通量与遥感提取的 ET 进行对比，计算决定性系数、均方差、平均绝对百分比误差、平均偏差等评价指标。模型标定和验证包括三个方面，基于水平衡数据的 ET 对比分析；基于地面观测站点的潜热通量和遥感估算结果的验证；利用地面观测数据进行模型参数的标定。模型标定与验证界面如图 2.8 所示。

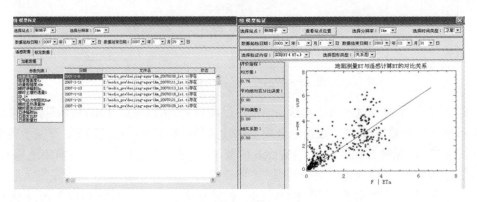

图 2.8　模型标定与验证界面

（三）数据库管理

ET 遥感监测系统的各业务处理子系统主要进行数据处理、数据分析，以及信息发布的服务，实现从数据生产到数据应用的业务流程，而每一个步骤中数据流的连接均是通过数据库实现。

数据库建设的第一步是进行数据分析。ET 生产及分析需要收集大量的数据，涉及水文、气象、遥感等数据，以及模型参数等。同时也需要收集和输入大量的辅助数据，方便分析和统计。这些数据和信息需要根据统一的标准和规范建立数据库对其进行管理，以便提高效率。由于这些数据的类型和格式存在差异，数据库在设计时要针对数据类型的特点分别入库。对于入库的栅格影像数据要求具有相同的投影类型、分辨率。对于入库的矢量数据要求具有相同的投影类型。对非影像数据（如气象站点的数据）可以采用表格形式利用关系数据进行管理。ET 生产所涉及数据的时间分辨率差异很大，历史数据需要保留，所以在时间维度上需要对数据库进行版本方式管理。由于不同用户对数据库的需求差异性和用户数据访问权限的差异，应对用户的角色及相应的权限做统一规划，保证数据访问的准确、快捷、方便、灵活和安全。数据库还包括一项重要内容就是地面观测的 ET 数据，主要用来进行遥感反演 ET 结果的标定与验证，该数据随着系统运行将持续不断地定期观测。数据库中需要存储的该项数据包括地面观测原始数据与处理后的数据。其中原始观测数据根据观测项目包括多个观测要素，如土壤热通量、净辐射等多项要素值。

　　然后，根据数据分析结果采用适宜的方式进行分类，设计数据库。ET 系统所涉及数据按其格式可以分为数值表格、矢量图形、栅格图像、文本、音频视频数据；按照数据内容又可分为遥感影像、水文数据、气象数据、基础地理数据、ET 数据、ET 应用结果、业务观测数据、农业资料与社会经济数据等；按照数据来源分为观测数据、巡测数据、调查数据、遥感数据、分析数据、处理结果等；系统所有数据都具有空间、时间和属性等特征。按照数据的用途性质又分为业务数据和元数据，其中元数据是对业务数据的定义和说明，业务数据是数据库存储和应用的基础对象。这里采用数据内容进行数据库的设计。每个分类对应一个子库，每个子库内数据表以及子库间的关系需要进行进一步梳理。基础信息库是存储 ET 监测系统基础信息的子库，包括：行政编码表、土地利用编码、气象站编码、遥感数据栅格编码表等，其编码符合国家或行业规范，如省、县行政编码必须为 5 位码"×××××"。基础信息库是连接关系表和空间数据的桥梁，其主键必须是唯一的标识码。

　　气象观测库包括来自常规气象站和探空气象站的观测资料，以及气象插值后的结果信息。日气象要素主要包括能见度、水汽含量、SLR、日照时数、相对湿度、平均风速、日最高温度、日最低温度、海平面气压、日平均温度和日臭氧等，瞬时气象要素主要包括相对湿度、风速、日温度、气压等。探空气象要素包括大气压、海拔、气温、露点温度、风向和风速等。

　　地面观测库包括为标定、验证 ET 数据而定期、定时观测的原始及经系统处理后的要素信息，包括微气象要素、LAS 仪和涡度相关仪观测的原始数据、标定参数和处理后数据。

　　监测结果库包括遥感数据预处理子库、ET 生产子库等内容。遥感数据预处理子库包括不同空间分辨率纠正参数和纠正后结果，ET 生产子库包括 ETWATCH 模型估算的不同时空尺度蒸散量及相应过程参数等。

　　应用分析库包括基于不同单元时间序列的 ET 统计结果。单元包括有行政单元、土地利用、作物分布和地块。时间序列包括月、旬和年。该库还包括水平衡分析和模型率定时的参数信息。

　　最后，是根据建立的数据库设计数据库管理子系统。为了方便用户对复杂、多样的数据库信息进行管理，设计了数据库管理子系统。数据库的基础数据更新、数据库历史数据更新、数据处理系统所处理的以文件方式管理的数据进行跟踪管理、存储于数据库中的数据的综合组织与管理等，均通过数据库管理维护子系统来实现，界面如图2.9 所示。

　　数据组织管理。对于数据库来说，其核心对象即为数据信息，所以数据库系统的首要功能就是对数据库数据以用户化的方式进行组织表达，而不仅仅是存储于后台数据库中等待应用系统的数据调用。为了让用户能够对数据库内容有个总体把握，尤其是作为数据库管理员的用户，需要通过系统用户界面将隐藏于后台数据库中所有数据以灵活、方便、友好的方式表达出来，使得即使不知数据库为何物的人也能够掌握数据库存储的

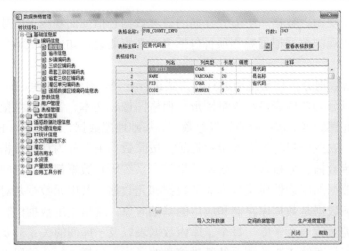

图 2.9　数据库管理界面

对象内容，而不用面对后台晦涩难懂的数据库。通过数据组织，一方面可以直观地表达数据库中所有数据信息，以树状结构或其他层次结构展现出数据库中所有数据信息，做到一目了然、层次关系清晰；另一方面又可以集中于某个目标对象，将其相关的所有信息检索并表达出来，起到目标对象后台数据库数据信息与用户之间通径和门户的作用。

数据库更新维护。数据库更新维护功能不仅是对数据库内容的插入、删除、修改，它是传统数据库管理系统的数据维护功能的延伸和强化，能够给用户提供强大的数据库更新功能。系统具有传统数据库管理系统的基本功能，以数据引擎为桥梁访问数据库，对数据库的记录进行增加、删除和修改。提供手工数据录入平台和自动导入功能，分专业、分主题提供数据更新界面，并对数据的一致性进行检验，当录入的数据表结构与数据库的结构不一致时，及时发出提示警报，提示信息更新和维护子系统的操作人员进行相应的操作。具有数据格式转换功能，当导入数据与数据库结构不一致时，能够对导入数据进行相应字段格式的转换、字段的匹配等。

（四）ET 应用分析

ET 应用分析子系统提供 ET 统计分析、区域水量平衡计算、灌溉用水定额计算，以及节水效果评价四类工具。

（1）ET 统计分析工具以遥感数据计算 ET 结果为数据源，结合土地利用图、行政区划图、用户感兴趣区域进行统计，以统计表、统计图和空间分布图的形式表达。ET 统计分析工具的界面如图 2.10 所示。统计分析界面由两部分组成：图层管理器和应用统计工具。图层管理器显示空间统计后的结果。统计工具可对空间信息，包括产量、降水量、ET、土壤湿度等信息进行分类统计。

统计模块的主要功能是使用户能获得不同空间尺度，时间频率上感兴趣区的监测内容。统计的空间单元可以是任何意义上能够表征空间特征、具有特定意义的监测区域本底数据，如行政单元（县界、乡界）；自然单元，如根据土地利用或作物种植不同所形成的地块单元；以及用户感兴趣区域统计。

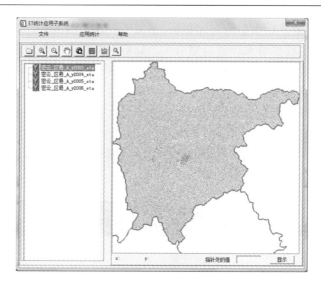

图 2.10　ET 统计分析界面

（2）区域水量平衡计算工具用于评价现状区域水资源供需平衡状况，对不同用水和耗水强度条件下的区域地下水位动态做出预测。调用界面见图 2.11。

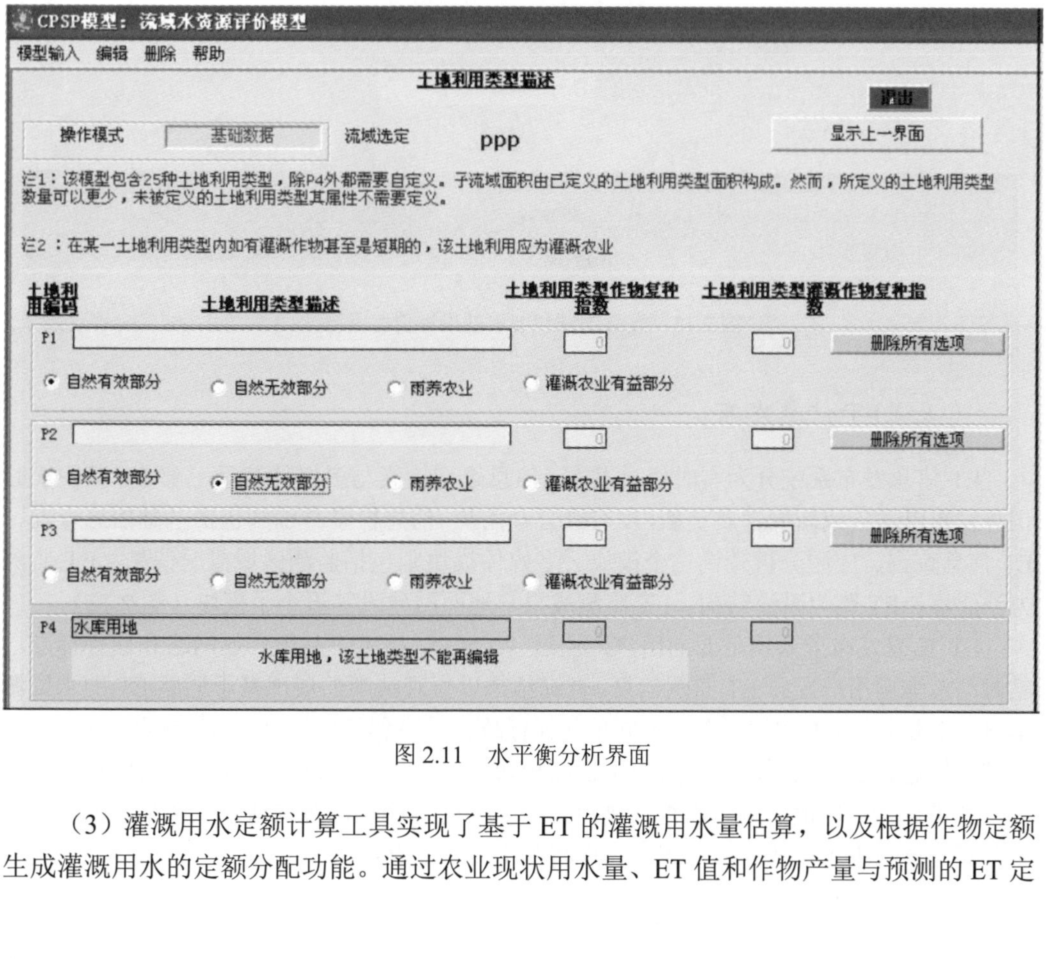

图 2.11　水平衡分析界面

（3）灌溉用水定额计算工具实现了基于 ET 的灌溉用水量估算，以及根据作物定额生成灌溉用水的定额分配功能。通过农业现状用水量、ET 值和作物产量与预测的 ET 定额、灌溉用水定额和灌溉用水总量对比分析,估算不同水资源条件地区的农业节水潜力,包括资源型节水、工程型节水和效益型节水,分析影响农业节水潜力的主要因子,对不同节水措施的节水效果作出科学和动态的评价。

（4）节水效果评价工具根据农业现状用水量、ET 值和作物产量与预测的 ET 定额、灌溉用水定额和灌溉用水总量对比分析,估算不同水资源条件地区的农业节水潜力,实现了不同作物种植结构的节水潜力估算,包括资源型节水（即"真实"节水）、工程型节水和效益型节水,分析影响农业节水潜力的主要因子,对不同节水措施的节水效果做出科学和动态的评价。调用界面见图 2.12。

图 2.12　灌溉定额和节水效果评价工具界面

（五）ET 信息发布

ET 信息发布系统分为实时信息发布、信息查询检索与多媒体演示三部分。其中实时信息发布以通告或新闻性质更新,发布给公众用户。信息检索查询则包括基础信息查询、ET 信息查询、应用分析查询三个模块。多媒体模块则包括监测区域概况信息、ET 监测方法流程、ET 监测系统结构、ET 监测成果与地面站建设等五个子模块（图 2.13）。

ET 信息发布子系统是面向用户,通过 WebGIS 技术,基于开放网络和通行标准,实时动态地向用户发布 ET 监测信息。查询结果以直观清晰的展现基于遥感 ET 的水资源信息,主要包括 ET 空间分布、不同单元（行政、土地利用、作物、感兴趣区）的 ET 实时统计信息、土壤相对湿度、航空影像库模块。其中以浏览框、输入框、菜单和工具栏等多种用户接口提供给用户以查询浏览其关注的内容信息,查询结果以图形、图像、多媒体和统计报表等形式返回给用户。现将其主要功能介绍如下。

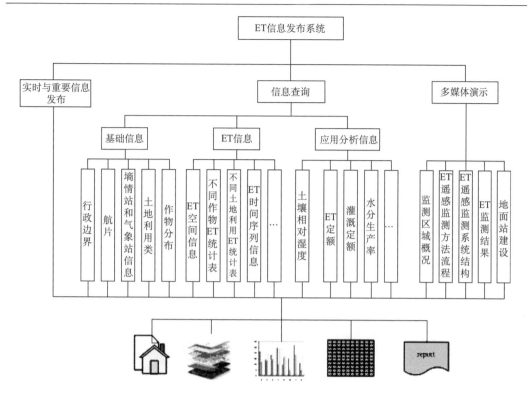

图 2.13　信息发布系统结构

1. 实时信息发布界面

根据需求和用户习惯，设计研发了 ET 实时信息发布与查询界面（图 2.14），提供了 ET 监测信息的动态更新，提供多媒体信息连接，提供相关单位友情链接。

2. ET 空间分布界面

该界面（图 2.15）可以直接显示 ET 的空间分布图、行政边界、土地利用图和作物分布图，可以连动显示市和区县级行政区域和地块信息的 ET 值、面积和水量信息。提供监测报告的查看和打印。查询界面左侧提供查询条件的选择，包括时间、区域、监测对象和专题图类型的选择；中间为 ET 空间分布数据的显示，具备动态的放大、缩小、平移、长度量算、图件打印和多边形信息选择；右上角显示中间图层的图例；右下角显示所选择区域的名称、面积、ET 平均值和耗水量。

3. ET 统计信息的查询

该界面（图 2.16）包括基于不同行政单元、不同土地利用类型或不同作物类型的 ET 信息，同一单元 ET 时间过程信息，结果以柱状图和时间过程线显示。可以显示以水量表达的 ET、降水和水量盈亏量，支持表格数据的生成。

图 2.14　ET 实时信息发布界面

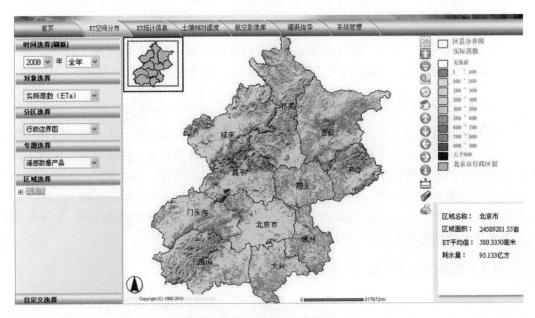

图 2.15　ET 空间分布界面

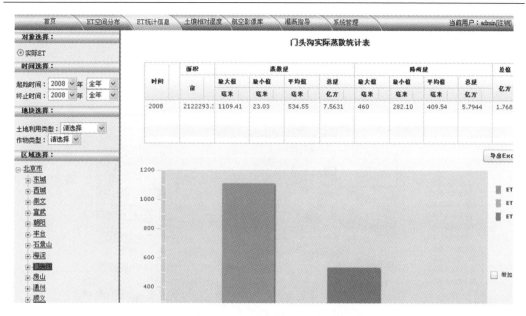

图 2.16　ET 统计结果检索界面

4. 土壤相对湿度信息的查询

土壤相对湿度查询界面如图 2.17 所示，界面设计与 ET 空间分布类似，功能包括逐旬监测结果的空间分布动态显示、统计信息的联动显示和监测报告的生成。

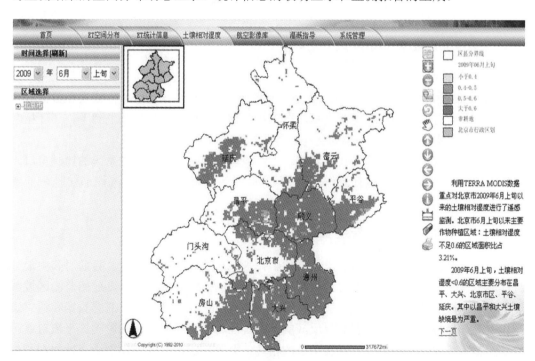

图 2.17　土壤相对湿度检索界面

5. 航空影像库

航空影像库界面如图 2.18 所示，界面设计与 ET 空间分布类似，功能包括按照行政级别的航片结果检索。

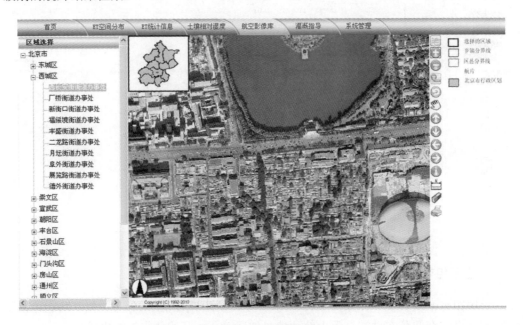

图 2.18　航空影像库界面

（六）ET 监测业务集成

ET 监测过程涉及数据获取、预处理、ET 数据处理、ET 数据管理、ET 数据应用到 ET 信息发布等多个环节，不但数据量大、运算复杂，而且易于造成操作错误和数据管理的混乱。因此需要分析整个处理流程，将 ET 监测工作集成为一个从上到下、环环相套的处理流程，实现 ET 监测的自动化与流程化。

该子系统将集成系统的 ET 监测过程组织成业务模块，形成集成系统的控制窗口，负责监控与管理整个系统运行流程，从过程和时间两个角度监控系统流程。ET 监测业务集成界面如图 2.19 所示。

（七）ET 结果的地面验证

利用卫星遥感数据估算蒸散量是一项新技术，涉及许多物理过程，目前对其中部分过程的机理了解以及利用可测要素进行参数化计算的方法还并不成熟。遥感监测区域蒸散量还存在很多制约因子（高彦春和龙笛，2008; Li et al.，2009）：遥感数据和遥感监测模型的选择与适用性、地表参数反演的不确定性、时空尺度扩展的影响、平流对遥感方法的影响、地表非均匀性，以及阻抗的精确估算等。因此，遥感模型亟需地面观测数据来检验与校正。考虑到北京市范围内复杂的土地利用类型和混合植被的不同特性及其

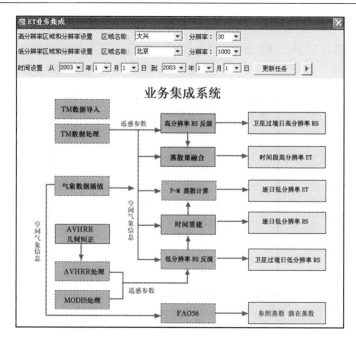

图 2.19　业务集成界面

时间演变，为了保证遥感估算蒸散量以及可用水量等资料的正确性，同时也为了树立水文和农业专家及用户的信心，对相关结果进行验证是十分重要的。

相对于传统的直接利用蒸散量观测点的经纬度查找对应像元遥感估算值与测量值进行比较的验证方法，本次验证利用足迹模型选取对应像元，即将观测蒸散量的源区分布图叠加到遥感监测蒸散量的分布图上，将源区内各个像元的蒸散量值依据归一化的足迹函数值进行加权平均得到与观测值具有相同空间代表范围的遥感估算值，较好地解决了地面实测蒸散量与遥感监测值空间代表范围不匹配的问题，为准确地对遥感监测蒸散量进行地面验证提供了保障。

当遥感估算的年、月蒸散量与地面观测值进行比较时，需要通过一些定量指标来对遥感估算结果进行评价。均方差（root mean square error, RMSE）和平均相对误差（mean relative error, MRE）被选为精度检验的判据。其计算公式如下：

$$\text{RMSE} = \left[\frac{1}{n}\sum_{i=1}^{n}\left(P_i - O_i\right)^2\right]^{1/2} \tag{2.1}$$

$$\text{MRE} = \frac{100}{n}\sum_{i=1}^{n}\frac{\left|P_i - O_i\right|}{O_i} \tag{2.2}$$

式中，P_i 为遥感估算值；O_i 为仪器观测值；n 为样本数。

1. 遥感监测 30m 年蒸散的验证

图 2.20 是遥感估算的平谷、房山、通州、大兴、密云五个示范县 2004～2007 年 30m 年 ET 结果与北京市水文总站利用水量平衡方法计算的年 ET 的比较。从图中可看出：总

体上，遥感监测 30m 年 ET 与水量平衡方法的计算结果比较一致，但是遥感监测的 ET 一般比水量平衡方法估算的 ET 偏大一些。遥感监测的年 ET 与水量平衡方法计算值的差值为–112～126mm。两者的平均相对误差较小，均方差 RMSE 为 60.22mm。

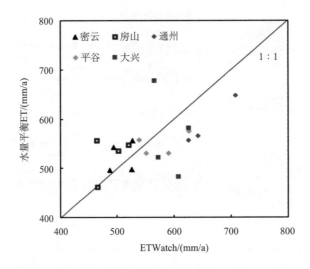

图 2.20　北京市 30m 遥感监测年 ET 与水量平衡估算值的比较

2. 遥感监测 1km 年蒸散的验证

图 2.21 是遥感估算的整个北京地区 2003～2007 年 1km 年 ET 的结果与水量平衡方法计算值的比较。由图 2.21 可以看出，总体上遥感监测的 1km 年 ET 与水量平衡法计算值具有较好的一致性，但是遥感监测 ET 一般比水量平衡方法估算 ET 偏大一些（除 2004 年偏小外）。两者的平均相对误差较小，均方差 RMSE 为 69.38mm。遥感监测的年 ET 与水量平衡方法计算值的差值为–11～125mm。

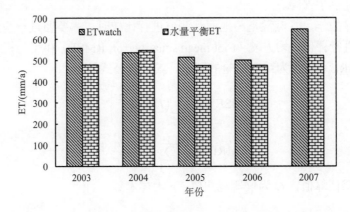

图 2.21　北京市 1km 遥感监测年 ET 与水量平衡估算值的比较

3. 遥感监测月蒸散验证

利用密云站 2007～2009 年 LAS 仪和涡度相关仪观测的蒸散发数据和大兴站 2008～2009 年 LAS 仪和涡度相关仪观测的蒸散发数据，对 ETWatch 模型估算的 1km 和 30m 的两种空间尺度的月蒸散发数据进行了验证（图 2.22）。

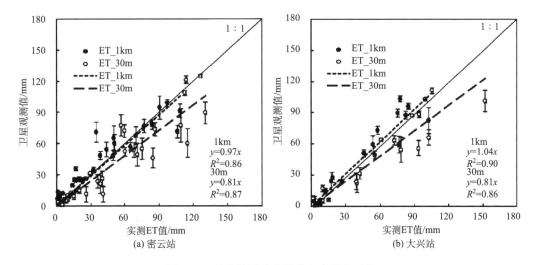

图 2.22　月蒸散遥感监测值和实测值对比

对比蒸散发实测值与 ETWatch 模型估算值发现，密云站 LAS 仪观测值与 ETWatch 模型 1km 蒸散发估算值决定系数为 0.86，RMSE 为 11.24mm，MRE 为 8.41%；密云站涡度相关仪观测值与 ETWatch 模型 30m 蒸散发估算值决定系数为 0.87，RMSE 为 18.06mm，MRE 为-19.58%；大兴站 LAS 仪观测值与 ETWatch 模型 1km 蒸散发估算值决定系数为 0.90，RMSE 为 11.05mm，MRE 为 4.31%；大兴站涡度相关仪观测值与 ETWatch 模型 30m 蒸散发估算值决定系数为 0.86，RMSE 为 19.55mm，MRE 为-17.67%。

4. 遥感监测日蒸散验证

小汤山站一共有 2005 年 5 月和 2004 年 6 月共 10 天数据，其 EC 观测值和 ETWatch 结果相关性 R^2 达 0.91，10 天的 ET 累积值相对误差为 3.66%，10 天 ET 的绝对平均误差为 8.71%（图 2.23）。

通过分析年、月和日等不同时间尺度的 ETWatch 模型估算值与蒸散发实测值之间的差异发现，ETWatch 模型估算的两种空间尺度的蒸散发与实测值较为接近，估算效果较好。

5. 验证过程的误差评估

除了对遥感监测的蒸散量进行精度评价和误差来源分析，还应包括对整个验证过程本身的误差评估，即对其中一些关键技术环节的误差进行分析和评价，以保证遥感监测蒸散量地面验证工作的准确性和完整性。

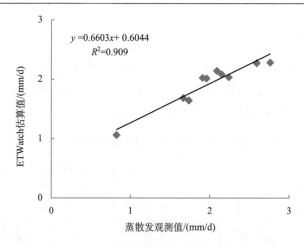

图 2.23 日蒸散遥感监测值和实测值对比

遥感图像的几何定位精度。在验证过程中，待验证的遥感影像是直接提供的产品，不需要再做几何校正。但采用不同的遥感图像处理软件或是由不同人员进行操作，均可能在进行定位处理时产生一定的误差。

仪器观测误差与数据处理误差。 由于仪器测量本身会产生一定的误差，如净辐射（CNR-1）的观测误差约为 20W/m^2（Kohsiek et al.，2007），涡动相关仪（CSAT3/LI-7500）观测值的误差为 10～20W/m^2（Mauder et al.，2006），而且不同数据处理与插补方法也会造成一定误差，但是这些误差不足以影响到上述验证的结果。

参 考 文 献

陈喜, 陈洵洪. 2004. 美国 Sand Hills 地区地下水数值模拟及水量平衡分析. 水科学进展, 15(01): 94-99.

郭晓寅. 2004. 遥感技术应用于地表面蒸散发的研究进展. 地球科学进展, 19(01): 107-114.

高彦春, 龙笛. 2008. 遥感蒸散发模型研究进展. 遥感学报, 12(03): 515-528.

黄妙芬, 刘素红, 朱启江. 2004. 应用遥感方法估算区域蒸散量的制约因子分析. 干旱区地理, 27(01): 101-105.

刘绍民, 孙睿, 孙中平, 等. 2004. 基于互补相关原理的区域蒸散量估算模型比较. 地理学报, 59(3): 332-339.

马耀明, 王介民, 1997. 非均匀陆面上区域蒸发(散)研究概况. 高原气象, 16(04): 446-452.

田国良. 2006. 热红外遥感. 北京: 电子工业出版社.

吴炳方, 熊隽, 闫娜娜, 等. 2008. 基于遥感的区域蒸散量监测方法 ETWatch. 水科学进展, 19(5): 671-678.

辛晓洲. 2003. 用定量遥感方法计算地表蒸散. 北京: 中国科学院遥感应用研究所.

张仁华, 孙晓敏, 2002. 以微分热惯量为基础的地表蒸发全遥感信息模型及在甘肃沙坡头地区的验证. 中国科学(D 辑), 32(12): 1042-1050.

Allen R G, Pereira L S, Raes D, et al. 1998. Crop evapotranspiration-Guidelines for computing crop water requirements-FAO Irrigation and drainage paper 56. Irrigation and drainage paper, 300.

Allen R G, Tasumi M, Morse A, et al. 2007. Satellite-based energy balance for mapping evapotranspiration with internalized calibration(METRIC)-model. Journal of Irrigation and Drainage Engineering, 133:

380-394.

Anderson R G, Goulden M L. 2009. A mobile platform to constrain regional estimates of evapotranspiration. Agricultural and Forest Meteorology, 149(5): 771-782.

Bastiaanssen W G M, Menenti M, Feddes R A, et al. 1998a. A remote sensing surface energy balance algorithm for land(SEBAL). 1. Formulation. Journal of Hydrology, 212(213): 198-212.

Bastiaanssen W G M, Pelgrum H, Wang J, et al. 1998b. A remote sensing surface energy balance algorithm for land(SEBAL)2. Validation. Journal of Hydrology, 213-229.

Blyth E M, Harding R J, 1995. Application of aggregation models to surface heat flux from the Sahelian tiger bush. Agricultural and Forest Meteorology, 72(3): 213-235.

Brulsaerl W, Stricker H. 1979. An advection-aridity approach to estimate actual regional evapotranspiration. Water Resource Research, 15: 443-450.

Choudhury B J, Ahmed N U, Idso S B, et al. 1994. Relations between evaporation coefficients and vegetation indices studied by model simulations. Remote Sensing of Environment, 50(1): 1-17.

Cleugh H A, Leuning R, Mu Q Z, et al. 2007. Regional evaporation estimates from flux tower and MODIS satellite data. Remote Sens Environ, 106: 285-304.

Clothier B E, Clawson K L, Pinter P J, et al. 1986. Estimation of soil heat flux from net radiation during the growth of alfalfa. Agricultural and Forest Meteorology, 37(4): 319-329.

Crago R, Crowley R. 2005. Complementary relationships for near-instantaneous evaporation. Journal of Hydrology, 300(1-4): 199-211.

Crowley R, Richard C. 2005. Complementary relationships for near-instantaneous evaporation. Journal of Hydrology, 1-4(300): 199-211.

Dolman A J. 1993. A multiple-source land surface energy balance model for use in general circulation models. Agricultural and Forest Meteorology, 65: 21-45.

Farahani II J, Hoewll T A, Shuttle Worth, et al. 2007. Evapotranspiration: Progress in Measurement and Modeling in Agriculture. American Society of Agricultural and Biological Engineers, 50(5): 1627-1638.

French A N, Jacob F, Anderson M C, et al. 2005. Surface energy fluxes with the Advanced Spaceborne Thermal Emission and Reflection radiometer(ASTER)at the Iowa 2002 SMACEX site(USA). Remote Sensing of Environment, 99(1-2): 55-65.

Granger R J. 1989. An examination of the concept of potential evaporation. Journal of Hydrology, 111(1-4): 9-19.

Granger R J. 2000. Satellite-derived estimates of evapotranspiration in the Gediz basin. Journal of Hydrology, 1-2(229): 70-76.

Huntingford C, Allen S J, Harding R J, et al. 1995. An intercomparison of single and dual-source vegetation-atmosphere transfer models applied to transpiration from Sahelian savannah. Bound-Layer Meteorol, 74: 397-418.

Jackson R D. 1981. Discrimination of growth and water stress in wheat by various vegetation indices through clear and turbid atmospheres. Remote Sensing of Environment, 13(3): 187-208.

Jacobsen A. 1999. Estimation of the soil heat flux/net radiation ratio based on spectral vegetation indexes in high-latitude Arctic areas. International Journal of Remote Sensing, 20(2), 445-461

Kabat P, Prince S D, Prihodko L. 1997. Hydrologic Atmospheric Pilot Experiment in the Sahel(HAPEX Sahel), Methods, measurements and selected results from the West Central Supersite, Report 130, DLO Winand Staring Centre, Wageningen, The Netherlands, 215-221.

Kalma J D, McVicar T R, McCabe M F. 2008. Estimating land surface evaporation: A review of method using remotely sensed surface temperature data. Surveys in Geophysics, 29: 421-469.

Kohsiek W, Lie bethal C, Foken T, et al. 2007. The energy balance experiment EBEX-2000. Part III: Behaviour and quality of the radiation measurements. Boundary-Layer Meteorology, 123(1): 55-75.

Kustas W P, Daughtry C S T. 1990. Estimation of the soil heat flux/net radiation ratio from spectral data. Agricultural and Forest Meteorology, 49(3): 205-223.

Kustas W P, Schmugge T J, Humes K S, et al. 1993. Relationships between evaporative fraction and remotely sensed vegetation index and microwave brightness temperature for semiarid rangelands. Journal of Applied Meteorology and Climatology, 32(12), 1781-1790.

Li Z L, Tang R L, Wan Z M, et al. 2009. A review of current methodologies for regional evapotranspiration estimation from remotely sensed data. Sensors, 9: 3801-3853.

Marquardt D W. 1963. An algorithm for least-squares estimation of nonlinear parameters. Journal of the Society for Industrial and Applied Mathematics, 11(2): 431-441.

Mauder M, Liebethal C, Gckede M, et al. 2006. Processing and quality control of flux data during LITFASS-2003. Boundary-Layer Meteorology, 121: 67-88.

Meijninger W M L, Hartogensis O K, Kohsiek W, et al. 2002a. Determination of area averaged sensible heat flux with a large aperature scintillometer over a heterogeneous surface - Flevoland field experiment. Boundary-Layer Meteorology, 105: 37-62.

Mercado L M, Bellouin N, Sitch S, et al. 2009. Impact of changes in diffuse radiation on the global land carbon sink. Nature, 485: 1014-1018.

Moran M S, Kustas W P, Vidal A, et al. 1994. Use of ground-based remotely sensed data for surface energy balance evaluation of a semiarid rangeland. Water Resour, 30(5): 1339-1349.

Morton F I. 1983. Operational estimates of areal evapotranspiration and their significance to the science and practice of hydrology. Journal of Hydrology, 66(1-4): 1-76.

Mu Q Z, Heinsch F A, Zhao M S, et al. 2007. Development of a global evapotranspiration algorithm based on MODIS and global meteorology data. Remote Sensing of Environment, 111: 519-536.

Murray T, Verhoef A. 2007. Moving towards a more mechanistic approach in the determination of soil heat flux from remote measurements Part I. A universal approach to calculate thermal inertia. Agricultural and Forest Meteorology, 147: 80-87.

Murray T, Verhoef A. 2007. Moving towards a more mechanistic approach in the determination of soil heat flux from remote measurements. Part II. Diurnal shape of soil heat flux. Agric For Meteorol, 147: 88-97.

Nemani R R, Running S W. 1989. Estimation of Regional Surface Resistance to Evapotranspiration from NDVI and Thermal-IR AVHRR Data. Journal of Applied Meteorology and Climatology, 28(4): 276-284.

Nishida K, Nemani R R, Running S W, et al. 2003. An operational remote sensing algorithm of land surface evaporation. Journal of Geophysical Research, 108(D9): 4270.

Norman J M, Becker F. 1995. Terminology in thermal infrared remote sensing of natural surfaces. Agriculture and Forest Meteorology, 77: 153-166.

Raddatz R L, Papakyriakou T N, Swystun K A, et al. 2009. Evapotranspiration from a wetland tundra sedge fen: Surface resistance of peat for land-surface schemes. Agricultural and Forest Meteorology, 149(5): 851-861.

Schüttemeyer D, Moene A F, Holtslag A A M, et al. 2006. Surface fluxes and characteristics of drying semi-arid terrain in West Africa. Boundary layer meteorology, 118: 583-612.

Shuttleworth W J, Wallace J S. 1985. Evaporation from sparse crops-an energy combination theory. Quarterly Journal of the Royal Meteorological Society, 111(469): 839-855.

Su Z, Jia L, Gieske A, et al. 2005. In-situ measurements of land-atmosphere exchanges of water, energy and carbon dioxide in space and time over the heterogeneous Barrax site during SPARC2004. Forest, 202(30).

Su Z. 1999. The surface energy balance system(SEBS)for estimation of turbulent heat fluxes. Hydrol Earth Syst Sci, 6(1): 85-100.

Su Z. 2002. The surface energy balance system (SEBS) for estimation of turbulent heat fluxes. Hydrology and Earth System Sciences, 6(1): 85-99.

Sun Z G, Wang Q X, Matsushita B, et al. 2009. Development of a simple remote sensing evapotranspiration model(Sim-ReSET): Algorithm and model test. Journal of Hydrology, 376: 476-485.

Teixeira A H de C, Bastiaanssen W G M, Ahmad M D, et al. 2009a. Reviewing SEBAL input parameters for assessing evapotranspiration and water productivity for the Low-Middle sao Francisco River basin, Brazil: Part A: Calibration and Vadiation. Agricultural and Forest Meteorology, 3-4(149): 462-476.

Teixeira A H de C, Bastiaanssen W G M, Ahmad M D, et al. 2009b. Reviewing SEBAL input parameters for assessing evapotranspiration and water productivity for the Low-Middle sao Francisco River basin, Brazil: Part B: Application to the regional ccale. 3-4(149): 477-490.

Turner K M. 1991. Annual evapotranspiration of native vegetation in a Mediterranean-type climate. Water Resour Bull, 27: 1-6.

Wallace J S, Holwill C J. 1997. Soil evaporation from tiger-bush in south-west Niger. Journal of Hydrology, 188-189: 426-442.

Wang C M, Wang P X, Zhu X M, et al. 2008b. Estimations of evapotranspiration and surface soil moisture based on remote sensing data and influence factors.

Wang K C, Wang P C, Li Z Q, et al. 2007. A simple method to estimate actual evapotranspiration from a combination of net radiation, vegetation index, and temperature. Journal of Geophysical Research Atmosphere, 112: D15106.

Wang L X, Kelly K C, Villegas J C, et al. 2010. Partitioning evapotranspiration across gradients of woody plant cover: Assessment of a stable isotope technique. Geophysical Research Letters, 37, L09401, doi: 10.1029/2010GL043228.

Wang W, Liang S, Meyers T. 2008a. Validating MODIS land surface temperature products using long-term nighttime ground measurements. Remote Sensing of Environment, 112(3): 623-635.

Widmoser P. 2009. A discussion on and alternative to the Penman–Monteith equation. Agriculture and Forest Meteorology, 96(4): 711-721.

Wu B F, Yan N N, Xiong J, et al. 2012. Validation of ETWatch using field measurements at diverse landscapes: A case study in Hai Basin of China. Journal of Hydrology, 436-437(43): 67-80.

Yang F, White M A, Michaelis A R, et al. 2006 Prediction of continental-scale evapotranspiration by combining MODIS and Ameriflux data through support vector machine. IEEE Transactions on Geoscience and Remote Sensing, 44(11): 3452-3461.

第三章　北京市蒸散时空分布特征

蒸散指植被蒸腾和土壤蒸发的总和。蒸散是水循环中的一个重要组成部分,受大气、土壤、植被等很多要素的影响。ET遥感估算旨在提供的信息是多少水蒸发到大气中,副产品包括监测作物旱情、评价灌溉的效率等。随着遥感技术的发展,遥感估算蒸散在区域水管理中的应用也会越来越广,在农业灌溉和管理、水资源管理、旱情监测等方面都能发挥其重要的作用。但是由遥感监测得到的蒸散数据有其自身的特点,理解和掌握这些特点是应用好遥感蒸散数据的基础。

第一节　北京市区域蒸散时空特征分析

北京市土地总面积16382km^2,林灌类型所占比例最大,占全市总面积的54%,主要分布在山区;耕地次之,占全市总面积的25%,集中在东部平原区;建设用地居第三,占全市总面积的12%;水体、草地和未利用地面积较小,比例不超过5%。复杂多样的土地覆盖格局是造成地表蒸散空间差异的主要原因之一。

一、北京市蒸散空间变化分析

基于北京市ET遥感监测系统,利用2003～2006年的MODIS和TM影像,生产了北京市逐月ET数据集,并累积得到年ET数据。图3.1为北京市2003～2006年年均ET空间分布图,受水文气象条件和下垫面差异的影响,各年ET表现出明显的空间差异。整体上ET呈从北到南,从东到西呈递减的趋势。

天气状况和下垫面特征同时影响着区域蒸散,形成了区域蒸散的时空分布格局。相同的下垫面,不同的天气状况蒸散不同;相同的天气状况,下垫面不同蒸散亦不同。不同时期,大气条件和下垫面的变化,使得蒸散在时间上具有不同的特征。北京市2003～2006年的年平均ET数据分别为508mm、541mm、493mm和511mm,4年平均值为513mm。

利用区县行政边界,采用叠加统计法得到2003～2006年各个区县的年ET结果(图3.2、表3.1)。在11个区县内,北京市城区多年平均地表蒸散量最小,4年平均ET约为287mm,主要是城区硬地表面积较大决定的;平谷多年平均蒸散量最大,约为593mm,该县林灌和耕地园地面积相当,占38%左右。延庆、怀柔和密云等山区区县,林灌草为主要的地表覆盖类型,面积占各区县面积的66%～84%,蒸散量较大,变化范围为532～589mm;大兴和通州等区县,以农业耕地为主,蒸散量变化范围为513～564mm。各区县的蒸散量的年际变化基本一致,2004年丰水年ET最大,2005年、2006平水偏枯年ET相对较小。

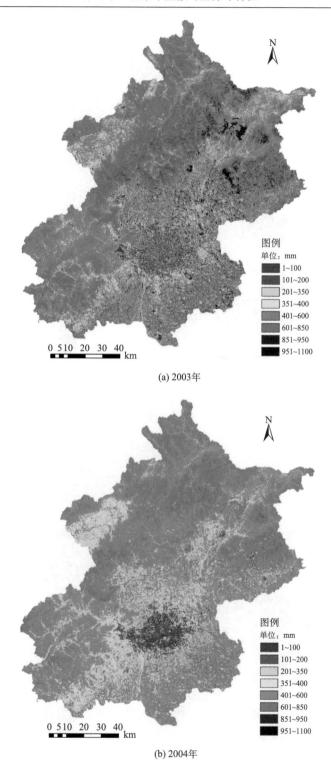

图例
单位：mm
■ 1~100
■ 101~200
□ 201~350
□ 351~400
■ 401~600
■ 601~850
■ 851~950
■ 951~1100

0 5 10 20 30 40
km

(a) 2003年

图例
单位：mm
■ 1~100
■ 101~200
□ 201~350
□ 351~400
■ 401~600
■ 601~850
■ 851~950
■ 951~1100

0 5 10 20 30 40
km

(b) 2004年

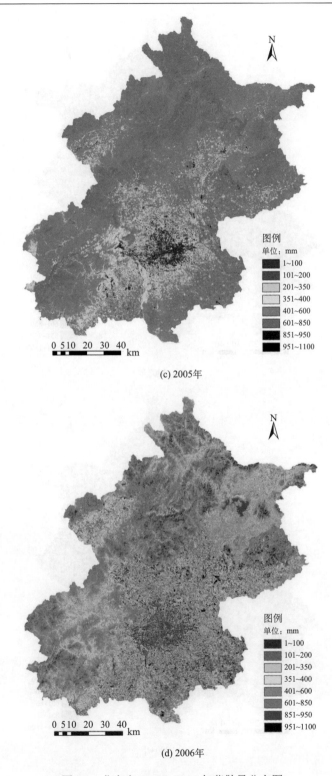

图 3.1　北京市 2003～2006 年蒸散量分布图

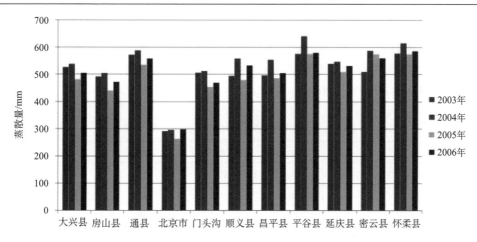

图 3.2　各区县的 2003～2006 年蒸散变化结果

表 3.1　2003～2006 年各个区县的年 ET 结果　　　（单位：mm）

区县名称	2003 年	2004 年	2005 年	2006 年	平均
大兴县	527.9	538.8	482.2	505.5	513.6
房山县	492.5	504.2	440.1	473.0	477.5
通县	573.7	589.1	536.2	559.4	564.6
北京市	292.3	296.1	264.0	298.8	287.8
门头沟	507.0	513.3	453.4	470.3	486.0
顺义县	495.1	559.1	480.4	534.1	517.2
昌平县	497.2	555.0	486.3	506.1	511.1
平谷县	576.8	641.0	576.5	580.7	593.8
延庆县	540.2	547.3	509.4	532.6	532.4
密云县	510.7	588.1	575.5	560.5	558.7
怀柔县	579.1	616.0	575.6	586.9	589.4

从图 3.2 可以看出，遥感蒸散结果与传统蒸散结果不一样，传统的地面观测得到的蒸散数据是观测点的结果，而遥感蒸散结果与使用的遥感数据直接相关，这里每个像元所代表的是 30m×30m 的范围，每个像元内多数都是混合的土地利用类型，因此每个像元的蒸散值实际是 900m^2 范围内的多种土地类型蒸散值的综合。

二、北京市蒸散时间变化分析

蒸散不仅在年际之间存在着变化，不同地块的蒸散的年内变化也具有明显的时间特征。

利用遥感数据和气象数据估算 ET，北京市年蒸散量统计结果如表 3.2，2003～2006年多年平均 ET 为 513mm，变化范围为-4%～5%。同期多年平均降水为 488mm，变化范围为-12%～10%。相对于降水，ET 年际变化较小。

尽管年际间降水量变化有很大的幅度，蒸散年际间变化幅度相对要小得多。2004 年降水量最大，是丰水年，水分略有亏缺。2006 年降水量最小，是枯水年，亏 82.2mm，因此 2006 年为了保证作物正常生长，在小麦和棉花生长季内的灌水会大量抽取地下水，地下水开采量也将是 2003～2006 年中最多的一年。

表 3.2　北京市 2003～2006 年蒸散量和降水量　　　　（单位：mm）

年份	2003	2004	2005	2006	平均
ETWatch ET	508.6	541.1	493.0	511.6	513.6
降水量	510.2	538.8	475.9	429.4	488.6
水分盈亏（P-ET）	1.6	−2.3	−17.1	−82.2	−25.0

蒸散年际之间的变化与降水量之间并没有明显的线性或指数的关系，在年内也同样。利用月 ET 数据得到了北京市月蒸散量时间过程线（图 3.3），年内基本上呈现单峰的变化特征，月蒸散从 1 月开始逐渐增加，5～6 月增加趋势减缓，在 7～8 月到达峰值（83～106mm），之后逐渐减少。因此，降水只是反映天气状况的一个因子，日照、风速、温度和湿度等天气因子对蒸散共同起作用。4 月、5 月虽然降水量很少，蒸散量却很大，这是为了满足作物生长，在这个时期会在农田进行灌溉导致的。

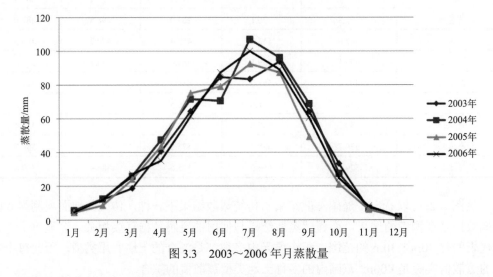

图 3.3　2003～2006 年月蒸散量

通过月降水量和蒸散量随时间的变化过程对比比较，可以分析水量盈亏在时间上的变化规律。2003～2006 年的降水和蒸散各月均值随时间的变化过程如图 3.4 所示，四年的月蒸散量和降水量变化趋势大致相似，大都表现为单峰的变化特征。月蒸散均在 3 月开始增大，7 月达到峰值后趋于稳定，9 月蒸散出现减小的趋势。在蒸散达到高值的时间段内，正是北京进入汛期的时间，一般情况下降水量可以满足作物生长需求。但是在干旱年，尤其是植被生长的高峰期，降水时间分布不均很有可能会出现水量亏损现象（图 3.5）。

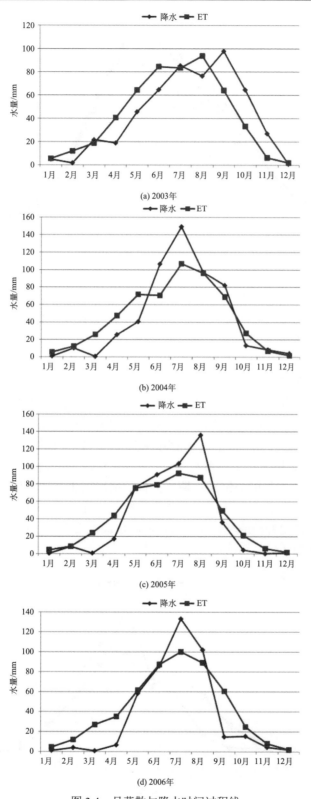

图 3.4　月蒸散与降水时间过程线

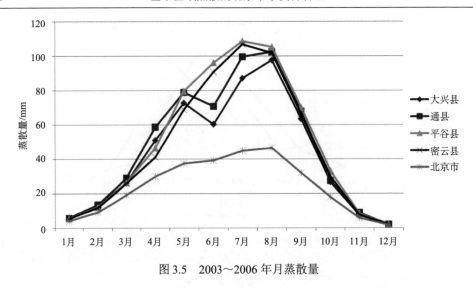

图 3.5　2003～2006 年月蒸散量

在植被主要生长季节月 ET 变化远远小于降水的变化幅度，主要原因有两点：一是林区 ET 没有减少的原因可能是前期储存在土壤的水量提供了植被生长所缺的水分，二是耕地区人类灌溉活动的影响补偿了作物需水缺口。

北京市土地利用结构多样，选取有代表性的 5 个区县，分析各区县月 ET 过程线特点。

以耕地为主要覆盖类型的大兴和通州区，月过程线呈现双峰的特征，这与两个区域大范围种植双季作物有关；以林灌园地为主的平谷和以林灌为主的密云县呈单峰的特征。以建筑用地为主的市区月 ET 过程线变化相对平缓的多，最高月 ET 不超过 45mm（图 3.5）。

大兴多年平均 ET 为 513mm，降水量为 447mm，总体上表现为水分亏损。月过程线结果表明除 6～7 月、10～12 月水分盈余外，在 1～5 月均为水分亏缺。水分亏缺发生的季节正好包括了作物生长的关键需水期。类似的情况发生在通州区，多年平均 ET 为 564mm，降水量为 462mm，1～5 月均为水分亏缺期，且在 3～5 月的水分缺口还高于大兴区。因此大兴和通州种植的夏收作物对灌溉的依赖性很大，作物种植结构对地下水资源的影响也较大（图 3.6）。

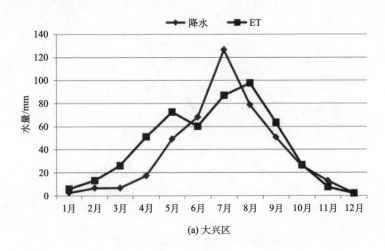

(a) 大兴区

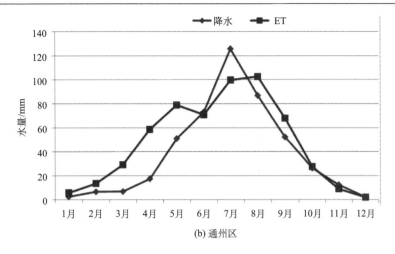

图 3.6　2003～2006 年月平均蒸散与月平均降水过程线

平谷多年平均ET为593mm，降水量为544mm，总体上表现为水分亏缺。月过程线结果表明水分亏缺的现象主要发生在1～5月。平谷区植被生长主要季节是4～10月，月ET的单峰特征曲线也说明了这一点，植被生长的水分亏缺可以通过上一年雨季储存在土壤水分进行补偿；类似的情况发生在密云区，多年平均ET为558mm，降水量为550mm，1～5月为水分亏缺主要时间段，雨季存储的土壤水可以补偿植被生长所需的水分亏缺（图3.7）。

三、蒸散空间分布的影响因素分析

蒸散的影响因素很多，包括气象、地形、土地利用/覆盖、下垫面粗糙度、土壤类型和人类活动等。遥感估算的蒸散是基于像元估算的格点数据，因此混合像元和邻近像元的影响在应用中是不可忽视的。造成这种影响的原因主要有两点，一是遥感数据红外通道的分辨率的影响；二是气象数据的代表性问题。举例说明，应用 Landsat TM5进行蒸散估算时，输入的气象数据来源于大兴区地方气象站。事实上不同区域内的气象条件有一定的差异，但是由于数据难获取，蒸散估算中并没有考虑气象因子的区域差异特征。Landsat TM5 的亮温通道分辨率是 120m×120m，可见光通道分辨率是30m×30m。计算单景蒸散时，亮温内插为与可见光通道匹配的 30m×30m 数据，说明蒸散估算过程中 4×4 个像元所用的温度是没有差异的，由于温度的邻近像元效应，使得蒸散值与周边像元蒸散差距减小，但是邻近像元间的影响程度很难量化。本节重点不是讨论尺度效应问题，而是从应用的角度分析理解遥感监测 ET 在像元尺度的空间差异特征。以大兴为研究区，分析土地利用、植被覆盖度和作物种植结构变化对 ET 空间分布的影响。

（一）土地利用类型的影响

不同下垫面，在同样的气象条件下，由于地表粗糙度不同，对于水汽传输的阻力不一样，使得蒸散也不同。

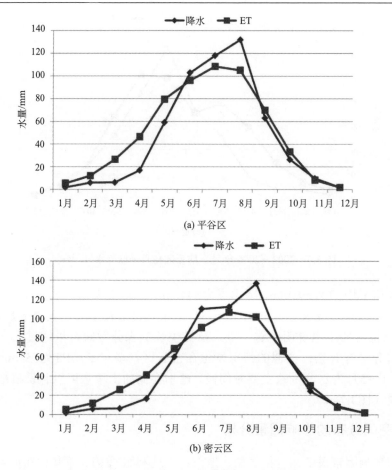

图 3.7 2003～2006 年月平均蒸散与月平均降水过程线

土地利用图解译使用的是 TM 影像，分辨率为 30m。假设一个像元是耕地、水体和裸土三种类型的组合，蒸散表征的是 30m×30m 范围内的三种类型的综合 ET，而在同样的范围内土地利用类型解译时却只能明确一种类型。由于研究区地块的破碎性较大，有很大一部分混合像元通过 TM 的光谱特征是无法解译出来的，基于 30m 的土地利用图进行蒸散的统计不可避免地会使混合像元的影响增大，使得不同类型多边形边界处的蒸散要复杂得多。在应用土地利用图对蒸散结果进行分析时，应注意土地利用图的尺度对蒸散统计结果的影响。

以 2005 年的 30m 分辨率的土地利用图为基础，统计得到不同土地利用类型的年 ET 值（表 3.3）。大兴区主要土地利用类型以耕地和居民用地为主。耕地、园地和水体的蒸散值较高，主要原因为园地和耕地的地表反照率较城区低，吸收的太阳入射能量多，由于作物生长使得冠层温度比周边平均气温低，利于水汽化，使得能量分配时潜热通量增大，显热通量减少；水体地表反照率低，吸收的太阳入射能量较多，利于水的汽化，潜热通量大。城镇居民地的蒸散值较低，原因为城区范围内地表多以混凝土、石灰地为主，地表反照率高，对太阳入射能量吸收少反射多，地表温度比周边气温高，不利于水汽化，潜热通量较小。

表 3.3 2005 年土地利用类型的年 ET 值

类型	面积/km^2	ET/mm
水体	6.0	657.5
园地	44.1	558.1
耕地	695.8	527.6
城镇	113.0	262.4
农村居民地	107.3	365.6
非居住独立建设用地	7.6	336.9
未利用地	4.8	339.8

1. 城镇区

在城镇区进行年蒸散的直方图统计，如表 3.4 所示。城区最高蒸散为 684.3mm，最低蒸散为 33.1mm。越靠近城区中心，蒸散值越低，这是由于中心区建筑物密集，热岛效应使得中心区比周围区域温度高，显热通量增大。

表 3.4 土地利用类型年蒸散的直方图统计值 （单位：mm）

类型	平均值	最大值	最小值	中值
水体	657.5	719.2	611.9	655.2
耕地	527.6	888.4	88.8	535.6
城区	262.4	684.3	33.1	248.2

在城区范围内根据蒸散值范围定义三个区：高蒸散区（>600mm），中蒸散区（400～600mm），低蒸散区（<400mm），利用 2005 年 5 月 6 日 NDVI 数据，分别统计这三个区域 NDVI 均值如表 3.5。高蒸散区面积很小，对应的 NDVI 值最高，表明该区域具有较强的植被信息；中蒸散区面积为 12.2km^2，平均 NDVI 为 0.21，表明该区域具有较弱的植被信息；低蒸散区面积最大，达 56.2km^2，而 NDVI 平均值仅为 0.09，意味着该区域没有显示植被信息，而是非植被的裸露地表。

表 3.5 2005 年城区不同蒸散等级的 NDVI

区域	像元数	面积	NDVI
高蒸散区	60	0.1	0.33
中蒸散区	13543	12.2	0.21
低蒸散区	62461	56.2	0.09

图 3.8 所示，以紫红色高亮显示城区，发现越靠近城区中心，蒸散值越低（小于 200mm），中心区建筑物密集，水体和绿地的比例少，热岛效应又使得中心区比周围区域温度稍高，显热通量增大。在城区周边，由于种植农作物、菜地和植被使蒸散较大，在城镇和耕地或绿地交界处蒸散范围为 300～500mm。

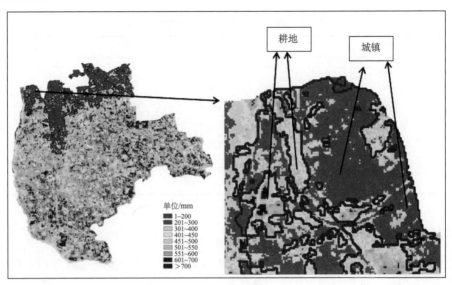

图 3.8　2005 年城镇年蒸散图

2. 耕地区

同样的方法，当聚焦耕地区，最高蒸散为 888.4mm，最低蒸散为 88.8mm。相对于城镇用地类型，蒸散频率分布比较集中，大部分为 400～600mm，且大兴区东北部的蒸散较西南部高。通过仔细核对，蒸散值低于 300mm 的像元实际为不种植作物的休闲地。

在耕地范围内根据蒸散值域分为高蒸散区（>600mm）、中蒸散区（400～600mm）、低蒸散区（<400mm），并对三个区的 2005 年 5 月 6 日 NDVI 数据进行统计。高蒸散区面积为 171.9km^2，平均 NDVI 为 0.44，这些像元包含了很强的植被信息。低蒸散区面积为 48.2 km^2，平均 NDVI 为 0.06，这些像元其实更多体现的是裸土信息（表 3.6、图 3.9）。

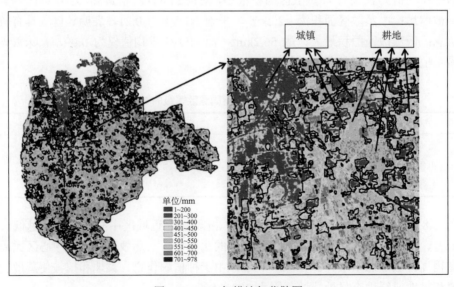

图 3.9　2005 年耕地年蒸散图

表 3.6　2005 年耕地区不同蒸散等级的 NDVI

区域	像元数	面积	NDVI
高蒸散区	191022	171.9	0.44
中蒸散区	479593	431.6	0.19
低蒸散区	53524	48.2	0.06

（二）植被覆盖度的影响

除土地利用类型的影响外，植被覆盖度也是影响蒸散值的主要因子之一。图 3.10 根据 2005 年 7 月 25 日植被覆盖度对 2005 年蒸散进行了分级统计，结果表明，随着植被覆盖度的增加，蒸散呈正向增加的趋势。

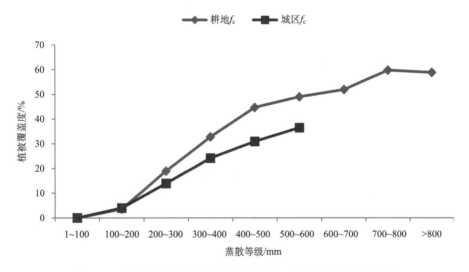

图 3.10　典型土地利用类型不同蒸散等级下的植被覆盖度变化图

在城区，植被覆盖度随着蒸散等级的增大而增大，当蒸散值小于 300mm 时，植被覆盖的信息并不明显，只是呈微小的增加趋势，蒸散值大于 300mm 时，混合像元信息中包含了部分植被的信息。在耕地区植被覆盖度小于 30% 的区域面积约占耕地区面积的 1%，蒸散值集中在 0～300mm。当植被覆盖度为 30%～50%，蒸散值为 300～600mm。当植被覆盖度大于 50% 时，蒸散随植被覆盖度的增加而增大，蒸散值大于 600mm。

耕地面积占全市总面积的 67%，因此对耕地蒸散的变化再进行分析。耕地根据其种植、不种植作物可以划分为休耕地和作物种植区。

1. 休耕地区

休耕地区指一年中均没有种植作物的区域。作物在生长期的 NDVI 变化范围为 0.15～0.85。由于休耕地区通常会有杂草，这里休耕地区定义为 2005 年 5～7 月 NDVI 小于 0.2 的区域，面积为 0.7km^2。休耕地区域比较破碎，主要在作物种植区的边缘地带。

休耕地区蒸散最大值为 504.7mm，最小值为 115.6mm，平均蒸散为 263.6mm。对大于 600mm 的蒸散像元统计临近像元的平均 NDVI，发现 96% 的像元临近植被区（平均 NDVI 为 0.52），表明尽管该区域没有作物，但是受到临近像元作物的影响使得蒸散偏高。

2. 小麦玉米种植区

小麦和玉米是大兴区的两种主要种植作物。小麦生育期是从 10 月到次年 5 月底，玉米是从 6 月下旬到 9 月底，通常是两季作物轮作的方式。这里小麦玉米种植区定义为 5 月和 7 月 NDVI>0.3 的区域。蒸散不仅受局部微气象条件的影响，与作物种植密度也有关。以植被覆盖度等级来表示作物种植密度，高覆盖区蒸散比低覆盖区蒸散高 86.8mm（表 3.7）。

表 3.7　2005 年小麦玉米种植区不同植被覆盖度等级的年 ET

区域	f_c	面积/km^2	ET/mm
低覆盖区	0.3～0.4	21.7	583.2
中覆盖区	0.4～0.6	114.1	622.5
高覆盖区	0.6～1.0	7.2	670.0

（三）作物种植结构变化的影响

北京大力发展蔬菜和经济作物，因此种植结构较复杂。这里只分析两季作物和单季作物耗水的差异。在耕地范围内结合 NDVI 信息确定作物种植区，两季种植区定义为 5 月和 7 月 NDVI>0.3 的区域，单季作物种植区定义为 5 月 NDVI<0.3 且 7 月 NDVI>0.3 的区域。

以植被覆盖度等级来表示作物种植密度，如表 3.8 所示。在两季种植区高覆盖区的蒸散比低覆盖区蒸散高 32.9mm，中覆盖区蒸散比低覆盖区蒸散高 25.5mm。在单季作物种植区不同等级覆盖度蒸散的影响较小，中覆盖区蒸散比低覆盖区蒸散高 5.6mm。两季作物区植被覆盖度对年蒸散的影响大于单季作物区。

表 3.8　2005 年种植区不同植被覆盖度等级的年 ET

类型	区域	f_c	面积/km^2	ET/mm
两季种植区	低覆盖区	0.3～0.4	2.7	533.0
	中覆盖区	0.4～0.6	32.7	558.5
	高覆盖区	0.6～1.0	31.7	565.9
单季种植区	低覆盖区	0.3～0.4	46.8	481.4
	中覆盖区	0.4～0.6	348.6	487.0
	高覆盖区	0.6～1.0	186.8	490.3

从上面的分析可知，区域蒸散结果受到种植结构和种植密度的双重影响。种植结构的变化使得蒸散频率区间也发生了变化。

（四）蒸散影响因子讨论

区域蒸散结果分析需要考虑所用遥感影像带来的几何纠正以及像元分辨率的影响，以及蒸散估算中使用气象数据代表性的问题。

1. 几何纠正的影响

平原区遥感影像和地形图的纠正控制在 1 个像元内。由于几何纠正精度受到影像最小尺度的影响，因此不同期影像之间几何匹配最大会有 1 个像元的误差。因此，不同下垫面之间的蒸散差异性会在混合像元区域内减少。

2. 像元分辨率的影响

遥感蒸散结果每个像元代表地面 30m×30m 范围内的综合蒸散。由于最小单元是 30m×30m，像元内不同下垫面的蒸散差异无法反映。

3. 气象因子的影响

应用 Landsat TM5 进行蒸散估算时，输入的气象数据来源于大兴区地方气象站。事实上不同区域内的气象条件有一定的差异，但是由于数据难获取，蒸散估算中并没有考虑气象因子的区域差异特征。

4. 地温分辨率的影响

Landsat TM5的亮温通道20m×20m，可见光通道是30m×30m。计算单景蒸散时，亮温内插为与可见光通道匹配的30×30m数据，说明蒸散估算过程中4个像元其引入的温度信息是没有差异的，温度的邻近像元效应，使得蒸散值与周边像元蒸散差距减小，使得邻近像元间的影响程度很难量化。

5. 植被覆盖度的影响

植被种植密度对地块蒸散也有影响，在分析时使用植被覆盖度来表示种植密度的不同。如图 3.11 所示为不同覆盖度下 2005 年 7 月蒸散的统计图。X轴为植被覆盖度，Y轴为 7 月蒸散。随着植被覆盖度的增加，蒸散呈正向增加的趋势，月蒸散结果（f_c<0.1）比月蒸散结果（0.8< f_c <0.9）低约 101.9mm。因此，区域蒸散分析时要考虑土壤对蒸散的贡献度。

四、典型土地利用蒸散的时空变化

大兴区为 GEF 项目节水示范区之一，以大兴区三种典型土地利用为例，详细分析其月变化过程。

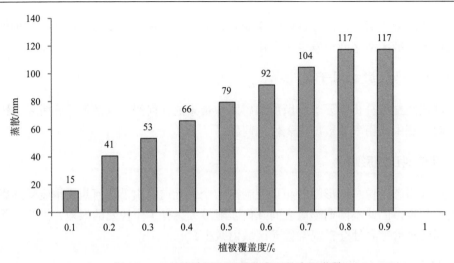

图 3.11　7 月植被区不同覆盖度下的实际蒸散

1. 城镇区

在大兴城镇和农村居民地区域，利用土地利用分类结果，取 5～7 月（NDVI<0.2 和 NDVI<0.4）的像元统计月蒸散，统计结果如表 3.9 所示。

表 3.9　2005 年大兴城镇和农村居民区月蒸散统计表　　　　　（单位：mm）

月份	实际 ET	NDVI	实际 ET	NDVI
1	3.1		4.4	
2	5.8		8.0	
3	15.1		21.1	
4	30.3		42.1	
5	33.8		48.7	
6	29.3	5 月 NDVI <0.2	42.1	5 月 NDVI <0.4
7	31.4	7 月 NDVI <0.2	52.6	7 月 NDVI <0.4
8	36.6	像元数 33258	61.4	像元数 158823
9	22.5		35.2	
10	10.0		15.7	
11	4.0		5.5	
12	1.2		1.6	
总计	223.1		338.5	

紫红色曲线为对左侧居民区 NDVI<0.2 像元统计得到的月蒸散时间曲线，蓝色曲线为对左侧居民区 NDVI<0.4 像元统计得到的月蒸散时间曲线，柱状图为对月降水，横轴时间是从 2005 年 1～12 月，纵轴表示月 ET 值（mm）。居民区 1 年内 ET 变化幅度不

大。可以看出，全年降水大于蒸散，在城区水分有盈余。在 5～9 月降水远远大于蒸散，可以满足居民区蒸散的需求。在 10～11 月降水与蒸散基本持平。水分亏缺主要发生在 3～4 月（图 3.12）。

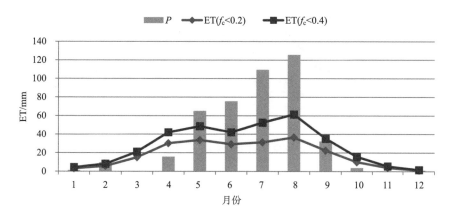

图 3.12　2005 年居民区 ET 与降水时间过程线

2. 耕地区

在耕地区域，利用土地利用分类结果统计耕地区域的月蒸散，统计结果见表 3.10。在耕地区全年降水与蒸散基本持平。在 6～9 月降水远远大于蒸散，可以满足耕地区蒸散的需求。3～5 月降水明显小于蒸散，此时处于冬小麦生长期，4～5 月水分亏缺通过灌溉来解决（图 3.13）。

表 3.10　2005 年大兴区耕地区月蒸散统计表　　　　　　（单位：mm）

月份	实际 ET	降水量
1	5.5	1.3
2	10.6	9.6
3	28.0	0.5
4	63.8	15.7
5	82.3	65.2
6	59.9	75.7
7	87.4	109.5
8	101.8	125.7
9	55.8	32.3
10	23.9	3.8
11	7.2	0.5
12	1.9	1.1
总计	528.1	440.7

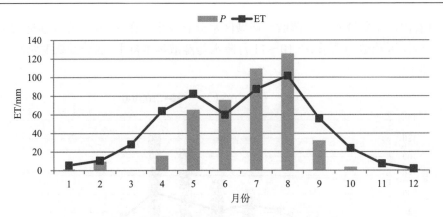

图 3.13　2005 年耕地区 ET 与降水时间过程线

五、典型作物区蒸散的时空变化

以大兴小麦玉米种植区为典型作物区，分析蒸散的时空变化。分别利用 2005 年 5 月 6 日和 2005 年 7 月 25 日的 NDVI 结果计算植被覆盖度，在耕地区取植被覆盖度大于 0.6 的像元统计其实际蒸散，结果如下。统计结果表明：在小麦玉米种植区，由于作物种植密度的不同，使得高覆盖区（$f_c > 0.6$）的蒸散与不考虑种植密度的蒸散相差 54.8mm，差距主要体现在 7 月和 8 月，该时间段位为玉米需水高峰期（表 3.11）。

表 3.11　小麦玉米种植区的不同覆盖度下的月实际蒸散

月份	实际 ET/mm	f_c	实际 ET/mm	f_c	差值/mm
1	6.7		6.2		0.5
2	12.8		11.9		0.9
3	34.0		31.6		2.5
4	77.4		71.8		5.6
5	150.0		147.7		2.3
6	55.9	5 月 $f_c > 0.6$	54.4		1.5
7	107.6	8 月 $f_c > 0.6$	88.6	不考虑 f_c	19.0
8	125.4	像元数 51647	103.2	355800	22.1
9	60.6		61.3		−0.7
10	25.9		26.2		−0.3
11	9.3		8.2		1.1
12	2.4		2.1		0.3
总计	668.1		613.3		54.8

蓝色曲线为对高覆盖区域统计得到的月蒸散时间曲线，红色曲线为对小麦玉米种植区统计得到的月蒸散时间曲线。横轴时间是从 2005 年 1～12 月，纵轴表示月 ET 值（mm）。1 年内该区域 ET 变化呈现双峰的特点，5 月和 8 月 ET 达到峰值。年内时间序列变化明

显，月 ET 最高值在 150mm 左右，最低值在 2mm 左右（图 3.14）。

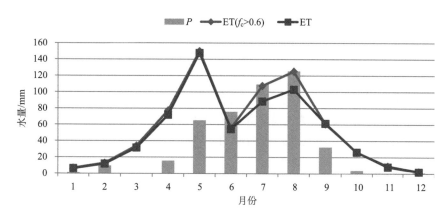

图 3.14　2005 年小麦玉米种植区 ET 与降水时间过程线

　　该区域以种植冬小麦和夏玉米为主，冬小麦生育期从 10 月到次年 6 月初，4 月底到 5 月初是小麦处于抽穗开花期，是整个生育期需水量的一个高峰期，4～5 月降水与蒸散相差近 200mm，这段期间为了满足作物生长需要进行灌溉。夏玉米生育期从 6 月底到 9 月中下旬，在 8 月是夏玉米的抽穗开花期，也是需水量的一个高峰期，这段期间降水量大于蒸散，不需要灌溉。

六、蒸散时空分析小结

　　遥感估算的实际蒸散，受天气因子、下垫面土地利用类型、植被覆盖度的不同、灌溉管理措施等多种因素的影响，本书以大兴区为例，进行实际蒸散的时空分析，遥感蒸散时空分布具有以下规律：

　　（1）不同下垫面类型年蒸散有较大差异，水体和植被区蒸散值较高，城区和裸土蒸散值偏低。

　　（2）在农田种植区，遥感综合蒸散的时间变化特征要结合灌溉和降水情况具体分析，作物生长季内的遥感蒸散的变化可以很好地反映作物需水特征，小麦 5 月为需水高峰期，玉米 8 月为需水高峰期。

　　（3）由于混合像元的影响，典型作物的蒸散特征与其生长耗水过程出现分歧。可以结合比蒸散估算更高分辨率的作物分布图，提取纯像元区的蒸散分析该作物的时空变化。如果没有更高分辨率的作物分布数据，可以通过计算典型作物区植被覆盖度进行分析。

　　当典型作物区混合像元中包含的是裸土信息时，植被信息越强（以植被覆盖度表示），典型作物区统计的蒸散值越大。在玉米区不同植被覆盖度下的 7 月蒸散结果表明，$f_c<0.1$ 时的蒸散比 $0.8<f_c<0.9$ 的蒸散低 101.9mm。在小麦和玉米种植区不考虑植被覆盖度与考虑时（$f_c>0.6$）相比，该区域年蒸散结果相差约 54.8mm。

　　当典型作物区混合像元中包含的是植被信息时，典型作物区统计的蒸散值与实际作物耗水规律的差距，主要与混合的植被类型及其生长耗水规律有关。不同植被在不同的生长阶段生长状况不同，因此在分析引起蒸散差距的原因时不仅要分析包含的植物信息的类型，还要考虑到其生育期物候。

第二节　潮白河流域耗水结构分析

潮白河是海河北系四大河流之一，为流经北京市北部、东部的重要河流。水系的北部、西部为燕山，东部、南部为平原，流域总面积为 19354km²，其中山区占 87%，平原占 13%。自 20 世纪 70 年代起，潮白河的水资源开发利用率已超过 30%。1972 年潮白河下游出现断流（李丽娟，2000）。

北京境内潮白河流域面积5688 km²，为所有河系之首，覆盖了延庆北部、密云、怀柔、顺义大部及通州东部地区。密云水库是华北最大的水库，控制了潮白河流域面积88%（15788km²），其中2/3在河北，1/3在北京。密云水库年入库流量呈递减趋势（图3.15），1982年密云水库不再向天津、河北供水，1985年密云水库只供北京的生活和工业用水（董文福，2006）。高迎春等（2002）年利用1954～1990年以来密云水库入库流量数据分析表明：随着时间的变化，入库流量呈显著的指数递减趋势。什么原因导致潮白河流域径流发生这么大的变化，使得该区域成为众多学者研究的热点区域。本节利用遥感反演的ET数据从耗水格局角度分析径流变化的成因。

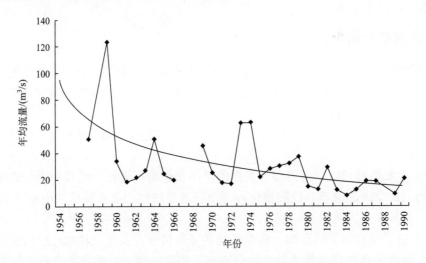

图 3.15　密云水库年入库流量（高迎春等，2002）

一、潮白河流域区域蓄变量分析

区域蓄变量变化量是流域水平衡的一个重要分项，是衡量流域水资源是否可持续发展的一个重要指标（吴炳方等，2011）。蓄变量变化量的计算公式如下式：

$$P-E-R = \triangle s$$
$$E = \text{ET} + Q_{\text{m}} + Q_{\text{b}} \tag{3.1}$$

表3.12　北京境内潮白河流域耗水平衡分析结果

（单位：亿 m³）

分项	1990年	1991年	1992年	1994年	1995年	1996年	1997年	1998年	1999年	2000年	2001年	2002年	2003年	2004年	2005年	2006年	2007年	2008年	平均值	变化斜率
来水量	41.4	44.9	30.1	42.0	33.3	46.8	26.5	38.9	22.6	27.9	26.7	22.8	29.5	35.7	31.4	29.5	29.5	39.6	33.3	−0.55
降水量	41.4	38.7	30.1	42.0	33.3	38.5	26.5	38.9	22.6	25.4	26.7	22.8	29.5	32.9	29.2	27.2	27.6	36.6	31.7	−0.56
入境水		6.2				8.3				2.5				2.8	2.2	2.3	1.9	3.0	3.7	
出境水		0.9				2.8				0.0	0.0	0.0	0.0	0.0	0.0	0.0	0.0	0.0	0.3	
蒸散发总量	25.3	36.7	25.0	34.9	31.4	31.0	33.7	34.7	32.3	35.7	34.8	30.3	29.9	33.0	32.8	31.6	33.4	35.6	32.3	0.19
耕地	4.8	6.3	5.3	6.4	6.0	5.9	6.1	6.0	5.6	5.7	5.6	4.8	4.5	3.7	3.5	3.4	3.7	3.7	5.1	−0.16
林灌	10.6	15.4	10.1	15.1	13.1	12.5	14.6	16.2	15.1	16.6	17.1	14.9	14.9	15.5	15.7	15.1	15.9	15.8	14.7	0.22
草地	6.7	9.6	6.3	9.3	8.2	7.9	8.9	8.1	7.4	8.1	7.9	6.9	7.0	8.1	8.2	7.8	8.2	8.2	7.9	0.00
水面	1.2	1.7	1.3	1.4	1.6	1.5	1.5	1.3	1.3	1.3	1.4	1.3	1.2	1.1	1.0	1.0	1.1	1.0	1.3	−0.03
滩地	0.2	0.3	0.3	0.3	0.3	0.3	0.3	0.5	0.5	0.5	0.4	0.4	0.4	0.9	0.9	0.9	0.9	0.9	0.5	0.04
建设和其他	1.7	3.4	1.8	2.3	2.1	3.0	2.2	2.6	2.4	3.5	2.5	2.1	2.0	3.6	3.4	3.3	3.5	6.0	2.9	0.12
区域蓄变量	16.2	7.3	5.1	7.1	1.9	13.0	⊠2	4.1	⊠7	⊠8	⊠1	⊠5	⊠3	2.7	⊠4	⊠1	⊠9	4.0	0.7	−0.71

式中，P、E、R、$\varDelta s$ 分别为流域任意时段内降水量、总耗水量、径流量和蓄变量变化量，R 为流域出入境的变化量，即出境（O）与入境（I）的差值；对于多年平均而言 $\varDelta s=0$。通常以一年为周期土壤蓄变量近似不变，那么区域蓄变量相当于地下水蓄变量。总耗水量包括三部分，一部分为 ET，即区域蒸散发，为太阳能源引起的蒸发，可以通过遥感估算得到；另外两部分分别是机械能、化学能和热能等能源蒸发过程，以及生物能转化为化学能或机械能的蒸发过程，海河流域的分析结果表明，这两部分占总耗水量的比例很低，仅为 2.3%。北京地区潮白河流域为北京市水源地，工业发展受到较大程度限制，因此本节分析中对此部分能量造成的蒸发忽略不计。

基于遥感数据，降水、径流的统计数据，应用上述方程计算了北京市城内潮白河流域 1990～2008 年的区域蓄变量变化量，同时利用线性趋势法计算了近 20 年来的变化斜率，结果如表 3.12 所示。流域多年平均水资源量为 33.3 亿 m^3，平均蒸散发量为 32.3 亿 m^3，流域水量处于平衡状态。降水量的年际变动在平均降水量的–28.7%～22.7%变化。流域水资源消耗量以遥感估算的蒸散量为主，占 97.7%。遥感估算的蒸散量在多年平均蒸散量的–22.6%～13.6%变化，小于降水年际变化波动。利用遥感反演的 ET 结果和土地利用分布图，采用面积加权的方式估算了不同土地利用类型的蒸散量。林灌蒸散发占遥感蒸散量的 45.5%，年际变动为–31%～16%；草地的蒸散发占遥感蒸散量的 24.5%，年际变动为–20%～17%；农田蒸散占遥感蒸散量的 15.8%，年际变动为–31%～25%，由于人工灌溉和种植制度的原因，使流域内农田蒸散发变化幅度大于林灌和草地。

近 20 年来，尽管流域蓄变量总体呈平衡状态，但是流域蓄变量的年际变化仍然呈现出明显的下降趋势，以十年为界分析前后十年的变化（表 3.13），结果发现自 2000 年以来，流域蓄变量呈现明显的亏损，前后十年变化率达–164.78%，原因主要有两点：一是

表 3.13　北京境内潮白河流域耗水平衡分析十年变化分析表

分项	1990～1999 年/亿 m^3	2000～2008 年/亿 m^3	变化量/亿 m^3	变化率/%
来水量	36.27	30.30	–5.97	–16.46%
降水量	34.66	28.66	–5.99	
入境水[*]	7.25	2.45	–4.80	
出境水[*]	1.85	0.00	–1.85	
蒸散发总量	31.66	33.01	1.35	4.26
耕地	5.84	4.29	–1.55	–26.48
林灌	13.64	15.72	2.08	15.25
草地	8.04	7.83	–0.20	–2.50
水面	1.42	1.16	–0.27	–18.67
滩地	0.34	0.69	0.35	104.33
其他	2.39	3.32	0.93	38.75
区域蓄变量	4.19	–2.72	–6.91	–164.78

注：　*标注表示数据资料不全。

来水量减少了 16.46%，同时蒸散发总量增加了 4.26%。来水量减少与近 20 年来气候变化相关，而蒸散发总量的增加主要表现为林灌蒸散发比的增加，通过计算不同时期的林灌草蒸散占遥感蒸散发总量的比例，发现该比例值由 20 世纪 90 年代的 68.5% 增大到71.4%，这与该地区实施的封山育林、退耕还林还草等生态建设和水土保持工程相符。

二、潮白河流域上下游耗水格局分析

近 20 年来水库上下游耗水格局发生了怎样的变化，这是流域水资源利用的下一步规划与管理的基础。以十年为间隔，统计北京境内潮白河上下游的耗水量，并计算变化量和变化率（表 3.14）。水库上游区域蒸散均呈增加的趋势，平均增加 1.69 亿 m³；密云水库上游包括白河和潮河区域，蒸散由 20.32 亿 m³（1990～1999 年）增加到 21.1 亿 m³（2000～2008 年），增加了 0.78 亿 m³。水库下游区蒸散呈减少趋势，平均减少 0.73 亿m³。统计结果说明了近十年来水库上游耗水增加，而下游耗水减少。

表 3.14　北京境内潮白河上下游耗水前后十年变化分析表

	1990～1999 年/亿 m³	2000～2008 年/亿 m³	变化量/亿 m³	变化率/%
上游	24.70	26.39	1.69	6.82
白河	11.96	12.69	0.73	6.08
库区+潮河	8.36	8.41	0.05	0.66
怀河	4.39	5.29	0.90	20.59
下游	4.49	3.77	−0.73	−16.22

采用线性趋势分析法统计了北京境内潮白河流域各子流域的林灌、草地和耕地1990～2008 年的变化趋势，如图 3.16 所示，上游各子流域林灌蒸散大都呈增加的趋势，这与该区域生态建设工程有关，而耕地除怀河外各子流域呈减少的趋势。

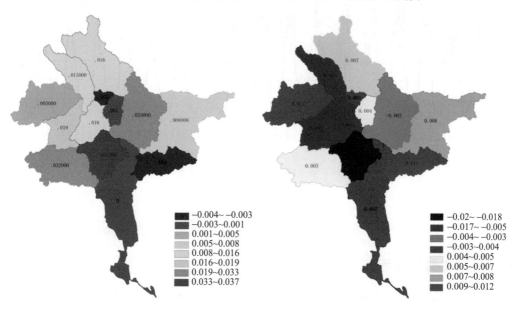

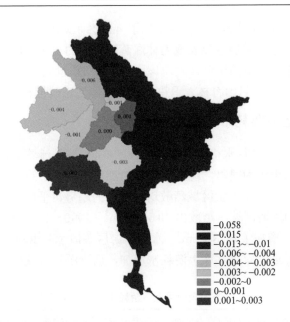

图 3.16　北京境内潮白河各子流域林灌、草地和耕地蒸散 1990～2008 年变化斜率分布图

　　耕地耗水减少最大的区域为水库下游区域,分析 1990～2008 年以来逐月耗水变化过程（图 3.17）,结果发现：在 2001 年,月过程线有明显的转变,由双峰向单峰转变,ET 值从 1990 年的 608.3mm 减少到 2000 年的 496.6 mm,同时该区域耕地面积从 406 km^2 减少到 304km^2,种植结构调整以及耕地面积的减少是下游区域耕地耗水近十年发生突变的重要原因,这也是流域上下游耗水比例发生变化的根源。

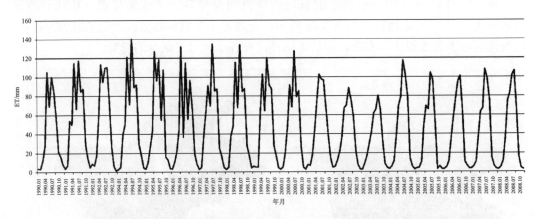

图 3.17　潮白河下游子流域耕地 1990～2008 年月蒸散过程线

第三节　北京市可耗水量与耗水平衡分析

一、可耗水量理论与方法

　　传统水资源评价方法在评价过程中将区域水资源划分为地表水和地下水。地表水资

源为天然河川径流量，由于人类活动对水循环过程的扰动，如退耕还草、坡地改梯田、农村雨水收集储存装置等，水循环的运动规律与机制都会发生改变（徐宗学和程磊，2010），流域水文监测断面实测水量并不是天然径流量，因此，需对测站径流量进行水量还原。精准的径流还原需要建立在完善的长时间序列取用水资料、深刻认识人类活动对水循环扰动的动力学机制，而事实上当前流域信息不全面，如对人类活动干扰的下垫面信息缺乏，径流还原的结果具有较大的不确定性，传统的水资源评价方法在变化环境条件下普遍存在"还原失真"与"还原失效"的问题（王忠静等，2009）。地下水资源为地下水体中参与水循环且可以逐年更新的动态水量，通过根据水文气象数据和水文地质参数计算获得，但当前获取水文地质参数带有很强的经验性，且依赖于水文分区的精度，因此，当前的地下水资源量估算同样存在较大的不确定性。综上所述，传统的水资源评价方法存在诸多的缺陷，在高度人工化的流域，水资源可利用量估算需要进一步完善。这因为如此，当前以传统水资源评价为基础的"供水管理"和"需水管理"模式，在全球资源型缺水地区，特别是干旱与半干旱地区的各大流域系统均出现了河流、湿地生态系统退化与地下水超采问题，严重威胁到了人类社会的生产生活和生态环境的可持续发展。因此，在现有的水资源管理方法基础之上，亟需寻求一种适应人类活动扰动的流域水资源管理方法，促进流域水资源的永续发展。

综合考虑水循环的所有过程，在干旱与半干旱流域，只有蒸散才是流域水资源的真实消耗，如果能明晰流域的可耗水量，即在人工扰动的条件下，流域可用于人类消耗的一切形式的水资源量，则能促进流域水资源的可持续发展。基于此理念，吴炳方等（2014）从水资源可持续的角度出发，提出了可耗水量的概念与计算方法。可耗水量需满足四个条件：①地下水不超采；②自然生态系统不发生破坏；③保证河道内有一定的生态流，以稀释污染物，维持航运和生物多样性；④地表水与地下水的联系不发生破坏。在没有外来水源补给的条件下，可耗水量从根源上讲只能来自于可更新淡水，即年降水，而不包括往年降水所形成的地下水和外流域调水。自然生态系统必须消耗一部分降水（蒸散发）以维持其正常的生理生态功能。人类生活和生产区域地表截留也会以蒸散发的形式消耗一部分降水。在当前流域水利工程设施条件下，剩余的降水会以径流的形式流到外流域或入海，以维持河道内、入海口生态环境、稀释污染物，或是因地理位置因素和洪水因素而无法利用，该部分水量统称为不可控径流量。

可耗水量（ACW）估算模型以耗水平衡为基础，结合耗水产生的原因，可将流域水资源的消耗划分为可控消耗与不可控消耗两部分，并考虑流域当前水利工程设施情景下的不可控径流量，流域可耗水量可表示为

$$ACW = P - Natural\ ET - Uncontrollable\ Flow \qquad (3.2)$$

式中，ACW 为可耗水量；P 为流域内的降水量；Natural ET 为自然生态环境与人工环境下的不可控耗水量，包括天然林、灌、草、水域和未利用地的耗水量，还包括人工地物，如耕地与建设用地的不可耗水量；Uncontrollable Flow 为不可控径流量。

可耗水量模型的主要输入参量为降水量、蒸散发量与土地利用类型。降水量通常以流域内的气象站实测降水量为基准，通过空间插值的方式拓展成空间连续的降水空间分

布场，或者直接采用流域内的遥感监测降水量，蒸散量数据以 ETWatch 遥感监测数据为基准，不可控环境流采用的是流域现有水利工程设施条件下的年外流水量。ACW 的计算过程中，最为重要的步骤是流域可控与不可控 ET 的分离，其包含如下四个过程。

（一）可控与不可控 ET 的定义与分类

清晰而准确的 ET 划分是计算可耗水量的前提，ET 的可控与不可控属性由土地利用的自然与人文属性决定。

不可控 ET 指的是流域内不因人类活动而改变的水资源消耗量，而可控 ET 指的是流域内因人类活动而新增加的水资源消耗量，即人类实际耗水量。以天然林地、草地、灌木、湿地与水体的水资源消耗为例，其主要由流域的气象状况、降水量、植被的生理过程，以及下垫面的土壤属性所决定，其属于不可控 ET；以耕地为例，耕地的水资源消耗包含因降水或灌溉而产生的蒸散发量，其中因降水而产生的蒸散包含两部分：一是耕地在不种植任何作物的状况下，裸露的土壤或杂草等消耗的降水量，其是耕地的不可控 ET；而种植作物之后，新增加的降水消耗量，则属于耕地可控 ET 的一部分，此外，作物因灌溉而新增加的灌溉耗水量也属于耕地的可控 ET。建设用地的 ET 也包含两部分，一是降落至不透水面的降水量，如道路、屋顶、广场等建筑物，在扣除降水产流之后，因太阳辐射消耗的残余降水量，其属于不可控 ET；二是降水至建设用地的透水区，如人工水体、草坪、森林等，在不种植任何绿化植被的情境下，裸土或杂草产生的蒸散发，其属于不可控 ET，而透水面因种植绿化植被而新增降水消耗量，以及灌溉耗水量则属于建设用地的可控 ET。

可控 ET 除因太阳辐射产生的水资源消耗之外，还包含人类在生产与生活过程中产生的耗水量。以生产耗水量为例，其包含固化在工业产品中的水资源量，以及工业生产过程中因冷却而产生的水资源消耗量，其与工业类型、工艺水平等密切相关，如钢铁、冶金、发电、采矿、电镀等重化工工业的耗水量明显高于建筑、轻工等行业。以生活耗水量为例，其是流域内人口和人工饲养的家禽等维持身体机能健康所消耗的水资源量，其与人口与家禽的数量，家禽的类别等密切相关，人口与家禽的单位耗水量可通过实验的方式确定。

除可控 ET 与不可控 ET 之外，还包含机会 ET。机会 ET 顾名思义，即因人类活动，暴露在地表的水资源量，未回到水系统而被消耗的水资源量，如人、畜的排泄物如果进入到污水处理系统，其经过净化处理之后，可被再次循环利用；如果没有连接到污水处理系统或者用于灌溉，其会在太阳辐射的作用下，以水蒸气的方式消失，其属于机会 ET。同样，对于洗澡、洗衣、做饭等用水暴露到地表或由城市管网系统排到城市周边河道所引起的蒸发也属于机会 ET。

对于流域生态系统而言，可控 ET 与不可控 ET 的具体分类方法见表 3.15。

（二）不可控 ET 与可控 ET 的计算

依据表 3.15 的不可控 ET 的分类体系，可进一步分为自然生态环境不可控 ET 与人工生态环境不可控 ET。不可控 ET 的计算与土地利用类型密切相关，本节采用中国科学

表 3.15　流域内的 ET 可控与不可控分项表

分项 ET		可控 ET	不可控 ET
人工生态系统	建设用地 ET	1.人工绿地（草地、园林等）	不透水面降水 ET
		2.人工水面（人工湖泊、水库等）	绿地天然降水蒸发
	耕地 ET	耕地种植新增降水消耗量、灌溉耗水量	耕地在未种植情境下，因太阳辐射而消耗的降水量
	生活耗水量	生活直接耗水量：人畜排汗、烧水做饭等水汽化	—
		生活间接耗水量（机会 ET）：人和牲畜饮食排泄；洗澡、洗衣、做饭等用水暴露到地表或由城市管网系统排到城市周边河道所引起的蒸发	—
	工业耗水量	工业直接耗水量：包含在产品中的耗水；工业生产过程中因冷却所引起的蒸发	
		工业间接 ET（机会 ET）	
自然生态系统	林地 ET	—	天然林地蒸散量
	草地 ET	—	天然草地蒸散量
	水域 ET	—	天然湖泊、河道水体、湿地蒸散量
	未利用地 ET	—	沙地、盐碱地、裸土地、裸岩、石砾地等产生的蒸散量

院遥感与数字地球研究所生态十年生产的土地利用 ChinaCover 数据（吴炳方等，2014）计算自然生态环境不可控 ET 与人工生态环境不可控 ET。ChinaCover 土地利用一级类分为林地、草地、水体湿地、耕地、城镇建设用地与未利用地。

1.　不可控 ET 的计算

1）自然生态环境不可控 ET

依据表 3.15，自然生态环境 ET（ET_{env_uc}）即 ChinaCover 土地利用数据中的天然林、灌、草、未利用地因太阳辐射而消耗的降水量，其可采用空间叠置分析法，即通过叠加自然地物掩膜与遥感蒸散数据计算，其表达式为

$$ET_{env\_uc} = ET_{env\_a} \tag{3.3}$$

式中，ET_{env_uc} 为自然生态环境不可控 ET；ET_{env_a} 为 ETWatch 模型计算的自然生态环境实际 ET。

2）人工生态环境不可控 ET

人工生态环境不可控 ET 主要包含耕地不可控 ET（ET_{fal_rain}）与建设用地不可控 ET（ET_{urb_unc}）两类，依据表 3.15，耕地耗水量（ET_{crop}）可采用如下公式表示：

$$ET_{crop} = ET_{irri} + ET_{crop\_rain} + ET_{fal\_rain} \tag{3.4}$$

式中，ET_{irri} 为种植耕地的作物因灌溉而新增加的耗水量；ET_{crop_rain} 为种植耕地的作物新增的降水量消耗量；ET_{fal_rain} 为耕地在未种植任何作物的情景下因太阳辐射而消耗的降水

量。其中 ET_{crop} 可通过叠加耕地掩膜与遥感 ET 栅格数据，通过空间分析计算得到。直接计算 ET_{irri} 与 ET_{crop_rain} 十分困难。常用的方式是直接计算 ET_{fal_rain}。其计算分为两种情景：①如果是极端干旱地区，有效降水量接近与 0，因此，可近似认为耕地上发生的降水量即为耕地的不可控 ET；②在非极端干旱地区，由于有效降水量不为 0，因此，通常采用监测未种植耕地的空间分布与耗水量，然后采用空间插值的方式计算种植耕地的不可控耗水量 ET_{fal_rain}（图 3.18）。

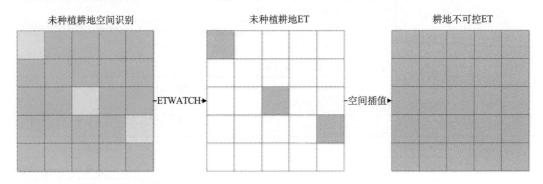

图 3.18　耕地不可控 ET 提取示意图

利用时间重建之后的植被指数时间序列数据，通过阈值构建决策树法，有效地提取农田作物种植状况信息地识别方法张淼等（2015）已经成熟，其整体识别精度达 96%以上。

建设用地由于面积较小，且空间分布较为分散，往往是透水面与不透水面的混合体，由于透水面与不透水面不可控 ET 产生的方式差异巨大，因此，需要计算像元中的不透水面盖度，进而实现建设用地不可控 ET 的计算与提取，当前，建设用地的不透水面的时空分布常采用多端元方法提取识别（王浩等，2011），在识别不透水面盖度之后，建设用地的不可控 ET 可采用如下模型解算。

$$ET_{urb\_unc} = [P*（1-r）] * ISC + ET_{fal\_rain} *（1-ISC）\tag{3.5}$$

式中，ET_{urb} 为建设用地的不可控 ET；P 为降水；r 为不透水区的径流系数，该系数通过降水径流经验关系模型确定；ISC 为不透水面盖度。

2. 可控 ET 计算

可控 ET 是衡量人类实际耗水量大小的变量，可根据表 3.15 中的类别分类计算，从而得到人类总的可控 ET。依据可控 ET 产生的来源，其可分为太阳能可控 ET，主要指耕地可控 ET 与建设用地可控 ET，以及矿物能可控耗水量与生物能可控耗水量。

1）太阳能可控 ET

耕地、城镇建设用地的可控 ET 即可表示耕地、城镇建设用地的总 ET 与不可控 ET 的差值，其表达式如下：

$$ET_c = ET - ET_{unc}\tag{3.6}$$

式中，ET 为遥感 ET 模型监测的实际耗水量；ET_{unc} 为不可控 ET 计算中的不可控耗水量，如耕地不可控耗水量与城镇的不可控耗水量。

2）矿物能耗水量

矿物能 ET 主要取决于工业的类型、工业的年产量，以及工业的年耗水量，矿物能 ET 可用下式计算：

$$Q_m = \sum_{i=1}^{n} P_i \times Co_i \tag{3.7}$$

式中，Q_m 为矿物能耗水量；i 为区域内的工业类型；P_i 为该类工业的产量或产值；Co_i 为该类工业的耗水系数，如 t/m³ 或者万元/m³。

3）生物能耗水量

与工业耗水量计算方法类似，生物能耗水量是人口（牲畜）数量、人口（牲畜）耗水系数的函数，其可用下式计算：

$$Q_b = \sum_{i=1}^{n} P_i \times Co_i \tag{3.8}$$

式中，Q_b 为生物能耗水量；P_i 为人或动物的数量；Co_i 为天排汗系数，用每人/牲畜每年的排汗量表示，单位为 m³/人（畜）。

（三）不可控径流量

不可控径流量主要指当前水利工程条件下无法利用的水资源量，如超过水库洪水库容的洪峰流量，以及因地理位置无法获取的径流。不可控径流量并非一成不变，其随流域水利工程措施、季节性洪水水量大小等密切相关。如今，北京地区几乎每条河道都修建有人工堤坝或者人工水库，只有洪峰时节时才有下泄流量，因此，可采用流域的实际出流量替代不可控径流量。

（四）耗水平衡

耗水平衡即是可耗水量与实际耗水量的差值，是判断流域内水资源消耗是否可持续，流域内水资源消耗量调节目标的重要方法，其分为两种情景：①可耗水量大于或等于实际耗水量，此时流域内地下水不超采，流域生态环境功能未破坏，流域水资源消耗是可持续的；②可耗水量小于流域实际耗水量，此时流域的水资源是不可持续的，地下水出现超采，需要采取措施减少可耗水量的消耗，从而促进流域水资源向可持续耗水转变。

需要说明的是，耗水平衡是一个多年采补平衡的概念，具有丰补枯调的意义，特定年份的水资源亏缺并不能说明流域的水资源是否可持续。

二、北京市可耗水量与耗水平衡分析

依据式（3.2）中关于可耗水量的计算方法，计算了北京市 2001～2012 年可耗水量与多年平均耗水量，并开展耗水平衡分析。

（一）北京市可耗水量计算

计算过程中所用到土地利用来自 ChinaCover（吴炳方等，2014），依据 ChinaCover 的一级类分类体系，北京市土地利用类型包括林地、草地、水体湿地、耕地、城镇建设用地与其他地物六类，并利用 ArcGIS 矢量转栅格方法生成栅格数据。由于北京市的水体以人工水体为主，当前流域包含密云水库、怀柔水库等 18 座大中型水库，以及部分人工水体景观，因此，本节将北京市 ChinaCover 中的湿地、水体产生的耗水量归为人工水体景观耗水量。研究中所用到的 ET 数据由 ETWatch 模型估算得到，Wu 等（2012）年在海河流域对 ET 的监测结果进行了全面验证，研究表明，在海河流域 ET 的年误差不超过 2.3%。

降水数据由北京市境内及周边的国家基准站年降水量监测数据通过空间插值的方式获取，其与北京市水资源公报的统计结果见表 3.16，除 2001 年、2003 年与 2009 年降水量相差较大外，其余年份二者的差异较小，采用相关系数法比较降水空间插值结果与北京市水资源公报的年降水量结果的一致性（图 3.19），R^2=0.94，二者具有明显的一致性。

表 3.16   北京市水资源公报降水量与降水空间插值结果　　　　（单位：亿 m³）

年份	2001 年	2002 年	2003 年	2004 年	2005 年	2006 年	2007 年	2008 年	2009 年	2010 年	2011 年	2012 年	平均
统计降水量	77.6	69.4	76.1	90.6	78.7	75.3	83.9	107.2	75.3	88.1	92.8	119.0	86.2
降水空间插值	73.4	66.3	84.7	89.5	79.1	71.4	82.9	107.3	66.6	89.5	91.0	123.4	85.4

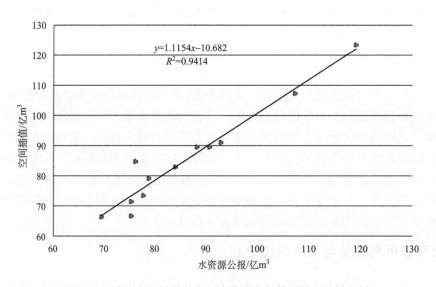

图 3.19　降水空间插值结果与水资源公报数据的一致性分析

降水量是影响可耗水量大小的主要变量，尽管本书通过空间插值计算的多年平均降水量与流域水资源公报中的降水量的偏差仅为 0.93%，但是个别年份的降水量差值较大，如 2003 年、2004 年与 2009 年。北京市水资源公报的降水量也是采用雨量站实测降水量通过空间插值的方式获取的，但是其不仅包含国家基准站，还包含众多自设的自动气象观测站，因此，可以认为水资源公报中的降水量具有更高的精度，为避免降水的差异导致的 ACW 的差异，因此，本节直接采用北京市水资源公报中的降水数据作为北京市的总降水量。

本书采用 2001～2012 年北京市的入境流量与出境流量计算的北京市不可控径流量即为出境流量与入境流量的差值（表 3.17、表 3.18）。

表 3.17　北京市入境流、出境流与不可控流　　　（单位：亿 m³）

年份	2001	2002	2003	2004	2005	2006	2007	2008	2009	2010	2011	2012	平均
入境流量	5.3	2.6	4.2	6.3	4.6	4.3	3.5	5.4	3	4.3	4.7	5.8	4.5
出境流量	7.4	6.2	7.9	9.1	8.5	7.4	7.4	10.1	8.2	8.3	12.1	18.5	9.3
不可控流量	2.1	3.6	3.7	2.8	3.9	3.1	4	4.7	5.2	4	7.4	12.7	4.8

表 3.18　北京市可耗水量　　　（单位：亿 m³）

年份	降水量	不可控 ET				不可控流量	ACW
		自然环境不可控	耕地不可控	建设用地不可控	小计		
2001	77.6	45.2	11.3	1.4	57.9	2.1	17.6
2002	69.4	43.6	14.4	1.7	59.7	3.6	6
2003	76.1	50.2	12.3	2.9	65.4	3.7	6.9
2004	90.6	52.4	12.3	2.9	67.6	2.8	20.1
2005	78.7	47.9	12	2.8	62.6	3.9	12.1
2006	75.3	47.3	12.2	2.7	62.2	3.1	9.9
2007	83.9	52.8	12.3	2.9	68	4	11.9
2008	107.2	54.4	9.8	3.8	68	4.7	34.5
2009	75.3	54.6	9.9	3.6	68.1	5.2	2
2010	88.1	55	10.1	3.5	68.6	4	15.6
2011	92.8	56.8	9.3	3.7	69.9	7.4	15.6
2012	119	59.8	10	4.1	73.9	12.7	32.5
平均值	86.2	51.7	11.3	3	66	4.8	15.4

2001～2012 年北京市可耗水量为 15.4 亿 m³，可耗水量与降水的关系密切，随着降水的增长而增长，其中 2009 年为 2 亿 m³，2008 年为 34.5 亿 m³。

（二）北京市耗水平衡分析

依据式（3.6）～式（3.8）中的可耗水量计算方法计算得到北京市太阳能可控 ET、生物能和矿物能的耗水量，以及可控 ET 之和见表 3.19。结合表 3.18 中的可耗水量计算结果，得到北京市 2001～2012 年多年平均地下水超采量为 2.5 亿 m^3。说明，为保证北京市区域的耗水平衡，则北京市需要减少的水资源消耗量为 2.5 亿 m^3。

表 3.19 北京市可耗水量 （单位：亿 m^3）

| 年份 | AWA | 太阳能可控 ET | | | | 生物能 | 矿物能 | 合计 | 耗水平衡 |
		人工水体	耕地	建设用地	小计				
2001	17.6	1.6	16.5	3.3	21.4	0.1	2.6	24.1	−6.5
2002	6.0	1.6	10.1	2.9	14.6	0.1	2.9	17.6	−11.6
2003	6.9	1.0	8.9	3.3	13.2	0.1	2.7	16.0	−9.1
2004	20.1	1.1	10.9	3.6	15.6	0.1	2.4	18.1	2.0
2005	12.1	1.0	7.8	2.9	11.8	0.1	2.2	14.1	−2.0
2006	9.9	1.1	8.6	3.5	13.2	0.1	2.0	15.3	−5.4
2007	11.9	1.1	9.7	3.6	14.4	0.1	1.8	16.3	−4.4
2008	34.5	1.1	9.8	4.6	15.5	0.1	1.8	17.4	17.1
2009	2.0	1.1	9.4	4.9	15.5	0.1	1.8	17.4	−15.4
2010	15.6	1.1	8.8	4.9	14.8	0.1	1.8	16.7	−1.1
2011	15.6	1.2	12.1	6.4	19.7	0.1	1.8	21.6	−6.0
2012	32.5	1.2	11.5	6.0	18.8	0.1	1.8	20.7	11.8
多年平均	15.4	1.2	10.3	4.2	15.7	0.1	2.1	17.9	−2.5

依据水资源公报统计 2001～2012 年地下水储量的变化量时间序列，2001～2012 年北京市平原区的多年水资源亏缺量为 3.89 亿 m^3，二者相差约 1.5 亿 m^3，差值的来源主要包括：①生活耗水量，本节的生活耗水量仅包含流域内的人类的排汗量，而未包含流域内的牲畜排汗量、做饭气化、医院、学校等大型人口聚集区的耗水量，且人均排汗量取的是平均值；②工业耗水量，工业耗水量仅包含炼钢、电力等部门的耗水量，而其他部门的耗水量没有囊括在内等；③水资源统计公报中的地下水蓄变量的变化，地下水监测十分困难，很难将其测算准确，另外，由于地下水的流域边界很难确定，地下水的流动难以把握，因此，地下水蓄变量的变化本身就具有较强的不确定性。

参 考 文 献

董文福, 李秀彬. 2006. 潮白河密云水库流域水资源问题分析. 环境科学与技术, 29(2): 58-60.

高迎春, 姚治君, 刘宝勤, 等. 2002. 密云水库入库径流变化趋势及动因分析. 地理科学进展, 21(6): 546-553.

李丽娟, 郑红星. 2000. 华北典型河流年径流演变规律及其驱动力分析——以潮白河为例. 地理学报, 55(3): 309-316.

王浩, 吴炳方, 李晓松, 等. 2001. 流域尺度的不透水面遥感提取. 遥感学报, 15(2): 394-407.

王忠静, 杨芬, 赵建世, 等. 2009. 基于分布式水文模型的水资源评价新方法. 水利学报, 39(12): 1279-1285.

吴炳方, 蒋礼平, 闫娜娜, 等. 2011. 流域耗水平衡方法与应用. 遥感学报,15(2): 289-304.

吴炳方, 熊隽, 闫娜娜, 等. 2008. ETWatch: 基于遥感的区域蒸散量监测方法研究. 水科学进展, 19(5): 1001-6791.

吴炳方, 苑全治, 颜长珍, 等. 2014. 21 世纪前十年的中国土地覆盖变化. 第四纪研究, 34(4): 723-731.

徐宗学, 程磊. 2010. 分布式水文模型研究与应用进展. 趋势, 1(3): 5-6.

张淼, 吴炳方, 于名召, 等. 2015. 未种植耕地动态变化遥感识别——以阿根廷为例. 遥感学报, 19(4): 550-559.

Wu B F, Yan N N, Xiong J, et al. 2012. Development and validation of spatial ET data sets in the Hai Basin from operational satellite measurements. Journal of Hydrology, 436(437): 67-80.

第四章　基于遥感蒸散量的大兴区耗水管理

第一节　基于遥感数据的现状耗水分析

大兴区水资源状况调研表明，区域地下水位连年下降，用水矛盾非常突出。造成地下水连年下降主要因素是区域耗水超出当地水资源耗水承载力。只有全面分析区域耗水现状，掌握区域耗水的时空变化规律，才能对区域水资源规划和管理做出科学且符合实际的安排。可见，区域耗水现状分析是水资源管理各项工作的基础，是区域水资源规划及制定科学水管理措施的前提。

本节探讨了不同土地利用类型下耗水的变化规律；以整个研究区耗水情况为研究对象，分析了区域耗水的月际变化规律；根据研究区行政分区情况，以乡镇为计算单元，对各乡镇耗水状况进行分析；以农业用地耗水为研究重点，对各主要农作物耗水进行研究。另外，通过对研究区域降水情况进行分析，并结合遥感 ET 数据，开展主要作物灌溉耗水、降水满足率及区域水量盈亏等方面的研究。

一、不同土地利用类型下的蒸散

根据遥感数据，大兴区总面积 1044 km^2，其中耕地占总面积的 70%。表 4.1 为遥感得到的 2004~2005 年大兴区的土地利用类型，共分 18 种。

表 4.1　大兴区土地利用遥感数据分析结果　　　　　（单位：km^2）

土地利用类型	2004 年		2005 年	
	春季	秋季	春季	秋季
休耕地	500.82	155.56	357.9	0
小麦地	159.98	0	232.03	0
城镇居民地	123.4	123.27	122.79	122.79
农村居民地	113.34	113.03	114.38	114.38
其他作物地	61.05	4.63	114.03	6.58
乔木绿地	56.28	57.65	55.67	55.67
沙地	7.72	7.84	7.7	7.7
建设用地	7.05	7.04	7.01	7.01
人工草坪	5.96	5.93	5.86	5.86
道路	3.73	3.72	3.68	3.68
菜地	2.92	4.26	17.15	15.56
季节性水体	1.03	1.02	3.58	3.58
沼泽地	0.45	0.45	0.17	0.17

续表

土地利用类型	2004 年		2005 年	
	春季	秋季	春季	秋季
坑塘水面	0.29	0.29	1.77	1.77
机场	0.05	0.05	0.05	0.05
玉米地	0	555.86	0	696.27
棉花地	0	5.02	0	2.7
河流水面	0	0	0.3	0.3

为便于对不同土地利用类型下的年ET值进行对比，将春季和秋季的土地利用类型进行叠加分析，得到年土地利用类型，共分为21种，不同土地利用类型下的年ET值见表4.2，年耗水量最大的土地利用类型为沼泽（762mm）与河流（700mm），其次为乔木绿地和小麦-玉米连作地，分别为653mm和646mm。年耗水量最小的土地利用类型为城镇居民和农村居民地，分别为225mm和341mm。

表 4.2　不同土地利用类型的年 ET 值

土地利用类型	面积/km²		年 ET 值/mm		年 ET 总量/万 m³	
	2004 年	2005 年	2004 年	2005 年	2004 年	2005 年
休耕-玉米	366.23	352.56	574.1	533.21	22423.79	18868.08
小麦-玉米	138.43	231.36	645.6	621.18	9273.74	14456.64
休耕-其他	134.12	1.41	508.1	457.07	7662.32	91.53
城镇居民地	122.15	121.97	224.9	219.98	2828.81	2697.71
农村居民地	113.85	115.52	341.1	333.70	3942.69	3820.80
乔木绿地	57.29	56.81	653.3	612.81	3814.50	3330.42
其他-玉米	55.44	110.98	565.5	574.27	3098.07	6273.86
小麦-其他	19	0.07	618.3	605.74	1218.21	4.69
建设用地	10.33	10.26	484.9	468.25	542.83	503.77
滩地	8.59	11.2	414.3	489.85	292.41	546.40
人工草坪	5.37	5.18	628.3	574.83	403.66	335.03
休耕-棉花	3.12	1.89	573.2	495.00	203.27	97.97
其他作物	2.72	4.39	514.4	512.68	145.15	235.04
小麦-棉花	1.6	0.07	624.7	565.06	92.63	7.37
休耕-菜地	1.41	0.11	622.3	576.45	88.65	11.05
菜地-玉米	1.31	1.78	602.5	592.83	76.90	116.37
小麦-菜地	0.73	0.11	607.3	598.97	42.78	8.14
其他-棉花	0.69	0.47	532.9	511.90	31.56	30.36
沼泽	0.44	0.22	761.3	773.02	33.80	13.29
露天菜地	0.4	15.16	577.2	586.59	20.24	889.62
坑塘河流	0.25	2.07	700	690.64	21.07	142.84

　　对比不同土地利用类型下的 ET 总量可以看出，农业用地耗水总量占研究区耗水总量的 79.3%，农业用地中年 ET 总量最高的是休耕–玉米，其次为小麦–玉米连作地，最低为沼泽地。这是因为休耕–玉米和小麦–玉米连作地面积最大，而沼泽、河流的面积较小，尽管其单位面积 ET 值很高，但所消耗的 ET 总量并不大，同时其 ET 控制难度较大。为此，ET 管理的重点应放在农田部分，农田耗水规律分析研究应作为项目区水资源分析的重点。

二、蒸散的年内变化

　　由表 4.3 可看出，2003～2005 年平均年 ET 为 571mm，月平均 ET 为 48mm，不同年各月的 ET 值大小稍有差异，但总体变化规律一致。7～8 月耗水最高，占全年 ET 值的 39%；依次为 5～6 月，占全年 ET 值的 32%；4 月及 9 月，占全年 ET 值的 20%；10 月及 3 月，占全年 ET 值的 7%；而 1～2 月及 11～12 月 ET 最小，该 4 个月仅占全年 ET 的 3%。

表 4.3　大兴区月遥感 ET 数据对比　　　　　　（单位：mm）

月份	2003 年	2004 年	2005 年	均值
1 月	2.40	2.64	4.38	3.14
2 月	3.34	6.04	3.56	4.31
3 月	4.92	23.95	19.03	15.97
4 月	51.09	49.42	67.97	56.16
5 月	79.47	95.78	95.34	90.20
6 月	93.68	93.28	84.19	90.38
7 月	109.81	113.24	106.70	109.92
8 月	131.19	102.20	97.72	110.37
9 月	74.96	47.13	49.23	57.11
10 月	32.38	20.80	14.10	22.43
11 月	3.48	7.94	7.37	6.26
12 月	5.71	4.50	2.92	4.38
合计	592.43	566.92	552.51	570.62

三、各乡镇蒸散状况

　　大兴区共辖 14 个镇和两个农场（团河农场及天堂河农场），共计 16 个乡镇级分区。各乡镇 ET 见图 4.1。各乡镇平均 ET 值存在一定差异，主要由土地利用类型差异造成的。按照其 3 年 ET 平均值以降序排列，最大为青云店镇 672mm、其次为魏善庄镇 660mm，最小的为西红门镇 349mm。

　　各乡镇 ET 总量比 ET 均值差异更大，主要由于面积不同造成的，如图 4.2 所示。榆垡镇面积最大，而天堂河农场面积最小；相应榆垡镇 ET 总量最大，而天堂河农场 ET 总量最小，其中榆垡镇、黄村镇、礼贤镇、庞各庄镇、魏善庄镇、青云店镇及安定镇 7 个乡镇 ET 总量之和占研究区 ET 总量的 69%，这 7 个乡镇是实施 ET 管理的重点。

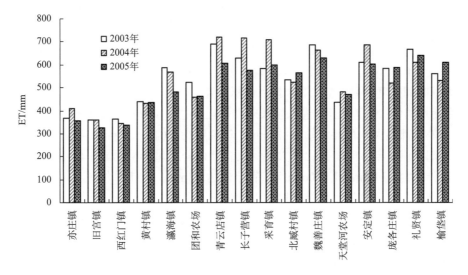

图 4.1　大兴区各乡镇 ET 值

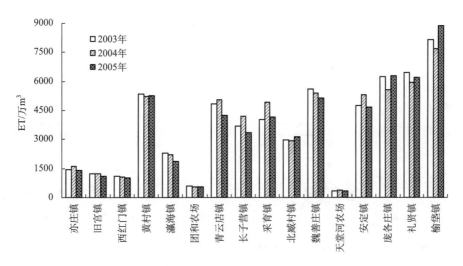

图 4.2　大兴区各乡镇 ET 总量

四、典型作物耗水分析

结合遥感土地利用中所涉及作物类型，确定冬小麦、夏玉米、棉花和人工草坪 4 种典型作物。根据项目区作物生长情况，4 种典型作物的生育期划分如下：冬小麦（10 月 1 日～6 月 15 日）、夏玉米（6 月 20 日～10 月 1 日）、棉花（5 月 1 日～10 月 1 日）、人工草坪（1 月 1 日～12 月 31 日）。冬小麦种植面积以春季土地利用类型为准，棉花、夏玉米及人工草坪面积以秋季土地利用类型为准。

（一）典型作物耗水

大兴区 2004～2005 年典型作物耗水与月变化见图 4.3，冬小麦耗水量呈规律变化，其大小取决于当时的气候条件及作物长势，冬小麦苗期耗水量不大，3 月随着气温回升及空气饱和差增大耗水增加；4～5 月耗水量达全生育期的最大值；6 月随着植株衰老及叶功能丧失，耗水降低；冬小麦年际间耗水差异不大，年耗水约 384mm。考虑到所用遥感 ET 数据时间尺度为月，6 月玉米耗水包括前茬作物耗水，月耗水量稍低，7 月耗水增加；8 月耗水稍低；9 月夏玉米进入生长末期，耗水进一步降低；夏玉米生育期内月际和年际耗水差异都不大，月耗水量约 75mm，年耗水约 307mm。棉花耗水呈单峰曲线，7 月达生育期峰值；年际间差异比较大，受生育期内降水量影响明显，如 2004 年及 2005 年耗水量分别为 433mm 和 350mm，二者相差达 83mm。人工草坪生育期内月际间耗水规律取决于自身的生物学特性及同期的天气情况，不同水文年耗水规律表现出一定差异；人工草坪年际间耗水差异较大，年际耗水规律与棉花相似。结合年内降水量分布情况，对典型作物耗水与同期有效降水匹配情况进行分析，冬小麦生育期内降水严重不足，2004 年及 2005 年全生育期降水满足率分别为 42%、33%；夏玉米生育期内降水较为丰富，2004 年及 2005 年全生育期降水满足率分别为 122%、90%；棉花生育期内降水较为丰富，2004 年及 2005 年全生育期降水满足率分别为 96%、95%；人工草坪由于生育期长耗水大，全生育期降水满足率不高，2004 年及 2005 年全生育期降水满足率分别为 78%、72%。可见，小麦全生育期降水满足率要低于夏玉米、棉花及人工草坪全生育期降水满足率，表明秋熟作物全生育期降水满足率高于夏熟作物，与王龙昌等（2004）研究成果一致。

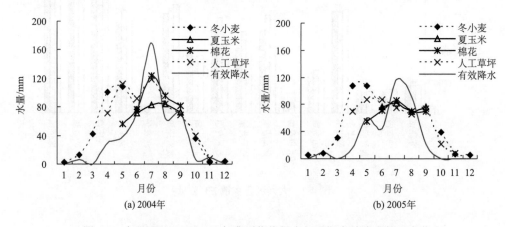

图 4.3　大兴区 2004～2005 年典型作物耗水与同期有效降水的月变化

（二）典型作物灌溉耗水分析

作物灌溉耗水量的计算是通过分析典型作物生育期内实际耗水与有效降水情况，若生育期内耗水量高于有效降水量，那么就需要通过灌溉补充作物所需水分，灌溉耗水量为耗水量与有效降水量之差；而当生育期内实际耗水低于有效降水量，降水能完全满足作物耗水，其灌溉耗水量为 0。灌溉耗水量计算公式如下：

$$\mathrm{CIWC}_j = \begin{cases} \mathrm{ET}_{kcj} - P_{ej} & (\mathrm{ET}_{kcj} > P_{ej}) \\ 0 & (\mathrm{ET}_{kcj} \leqslant P_{ej}) \end{cases} \tag{4.1}$$

式中，CIWC_j 为第 j 月该典型作物灌溉耗水量（mm）；P_{ej} 为第 j 月有效降水量（mm），计算公式如下：

$$P_{ej} = \sum_{k=1}^{m} \alpha P_k \tag{4.2}$$

式中，m 为 j 月的降水次数；P_k 为 j 月第 k 次降水量（mm）；α 为降水有效利用系数，其值受降水、土壤、地形及植被等因素影响。本书 α 取值依据次降水量大小确定，若 $P_k < 5\mathrm{mm}$，$\alpha = 0$；$5\mathrm{mm} \leqslant P_k \leqslant 50\mathrm{mm}$，$\alpha = 0.95$；$P_k > 50\mathrm{mm}$，$\alpha = 0.8$。

作物腾发、渗漏损失及其他水分需求依靠降水和土壤水不能完全满足时，必须通过灌溉弥补所缺水量。灌溉适时补充土壤水分不足，确保作物正常生长，由此会产生灌溉耗水量（谢春燕等，2004）。本书不考虑土壤水的变化和其他水分需求，视灌溉耗水量为腾发量和有效水量的函数，其大小随作物月耗水及生育期内月有效降水而改变。大兴区 2004～2005 年典型作物灌溉耗水量的月变化见图 4.4，小麦播前需灌溉以改善土壤墒情，3～4 月需灌返青拔节水，5 月灌孕穗扬花水，生育期内其他月份灌溉需求不高；不同水文年各生育期小麦灌溉耗水量有一定差异，2004 年及 2005 年生育期内灌溉耗水总量分别为 228mm、257mm。夏玉米生育期内降水比较丰富，其各生育期灌溉耗水量确定主要依据生育期内降水分布情况而定，没有明确规律可循；2004 年及 2005 年生育期内灌溉耗水总量分别为 21mm、87mm。棉花灌溉耗水受同期降水影响，规律不明显；2004 年及 2005 年生育期内灌溉耗水总量分别为 62mm、75mm。人工草坪在 4 月要灌返青水，5～6 月草坪生长迅速耗水增加，结合同期降水情况应灌溉以补充水分不足；7～8 月适逢雨季灌溉水量减少，9 月后降水量减少灌溉量增加；2004 年及 2005 年生育期内灌溉耗水总量分别为 189mm 和 206mm。由此表明，小麦生育期内灌溉耗水总量最大，其次为人工草坪，而夏玉米及棉花灌溉耗水量较小。

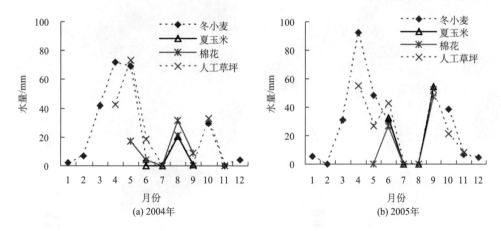

图 4.4　大兴区 2004～2005 年典型作物灌溉耗水的月变化

五、基于遥感蒸散数据的区域水分盈亏

（一）研究方法

1. 降水分布

反距离加权法（inverse distance weight, IDW）是空间几何插值方法的一种，基于地理学第一定律-相似相近原理，属局部插值法（鲁振宇等，2006）。该插值方法忽略了地形变化对插值精度的影响，适用于地形起伏不大地区降水的插值（何红艳等，2005）。结合研究区域地势较平缓的特点，选择反距离加权法对大兴区 34 个雨量站 2004～2005 年逐月降水数据进行插值，计算公式如下：

$$Z = \frac{\sum_{i=1}^{n} \frac{Z_i}{(D_i)^p}}{\sum_{i=1}^{n} \frac{1}{(D_i)^p}} \tag{4.3}$$

式中，Z 为待估栅格点降水值；Z_i 为第 i（$i=1$，…，n）个雨量站测点的降水实测值；n 为参与计算的雨量站点数；D_i 为待测点与第 i 个站点间的距离；P 为距离的幂。

大兴区 2004～2005 年降水分布见图 4.5，大兴区 2004 年总降水量为 494mm，接近平水年降水；2005 年总降水量为 365mm，接近 75％枯水年。从图中可看出，2004 年大兴区东部和西部地区降水量较大，达 500mm 以上；中部地区降水量偏小局部区域仅为 420mm，而南部和北部地区降水量差异不大。2005 年降水量空间分布规律与 2004 年在总体上呈类似分布规律，即东西部地区降水量偏大，中部地区偏小；与 2004 年降水分布

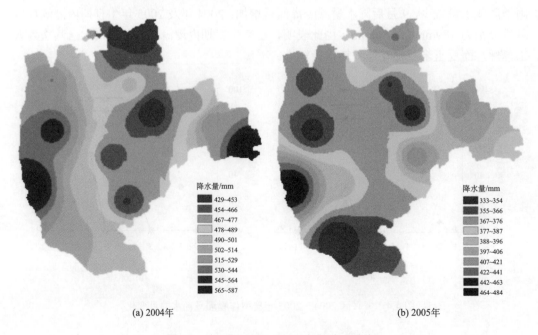

(a) 2004年   (b) 2005年

图 4.5   大兴区 2004～2005 年的降水分布

相比，2005 年降水分布极为不均，并且中部干旱区域呈东移趋势。由此可见，大兴区内降水呈明显区域差异，同时年际间降水时空分布变化较大。

2. 水分盈亏量

借助 GIS 软件对遥感 ET 数据及降水插值栅格图进行叠加分析，获得遥感 ET 与降水数据的差值栅格图，在此基础上研究区域水分盈亏状况。区域水分盈亏量计算公式如下：

$$\Delta W = P - ET \tag{4.4}$$

式中，ΔW 为水分盈亏量（mm）；ET 为遥感腾发量（mm）；P 为实测降水插值（mm）。若 ΔW 为正值，表明水量过剩；若 ΔW 为负值，表明降水量不足以弥补蒸腾蒸发量，此时出现水分亏缺现象。

（二）大兴区年水分盈亏量

大兴区 2004～2005 年耗水量与降水量的差值见图 4.6，大兴区北部区域耗水量要小于降水量，该区域降水总量基本上能满足腾发所需的水量；东部及中部大部分区域耗水量要高于降水量，该区域降水不能满足腾发所需水量，为确保作物水分需求，势必开辟其他水源。2004 年大兴区耗水量与降水量平均差值为 44mm，其中耗水量大于降水量区域占大兴区面积的 63%；2005 年大兴区耗水量与降水量平均差值为 122mm，耗水量大于降水量区域占大兴区面积的 76%。

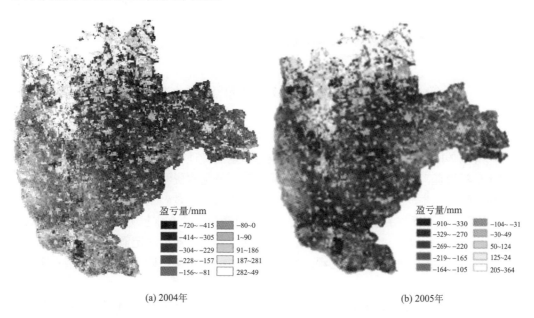

(a) 2004年　　　　　　　　　　　(b) 2005年

图 4.6　大兴区 2004～2005 年水分盈亏

（三）大兴区月水分盈亏量

图 4.7 反映大兴区 2004～2005 年耗水量及降水量的月变化情况。从中可看出，大兴

区耗水量月际变化呈双峰曲线，1～2 月耗水量很小，月耗水量小于 11mm；3 月随着气温回升，耗水量随之增加；进入 4～5 月，月耗水量迅速增加；6 月，耗水量稍有回落；7～9 月，耗水量增大；10 月后，由于气温降低明显，耗水量处于较低水平。大兴区降水量月际变化呈单峰曲线，1～3 月降水量较少，月降水量小于 10mm；4～6 月降水量增加较明显，月降水量最大值接近 80mm；7～8 月降水量达到年内峰值，月降水量最小值大于 66mm，而最大值接近 180mm；9 月降水量稍有降低，至 10～12 月降水量低于 10mm。通过对同期耗水量与降水量的差值分析知，6～8 月降水量与耗水量匹配较好，降水满足率高于 70%，而其他月份耗水量都明显大于同期降水量。

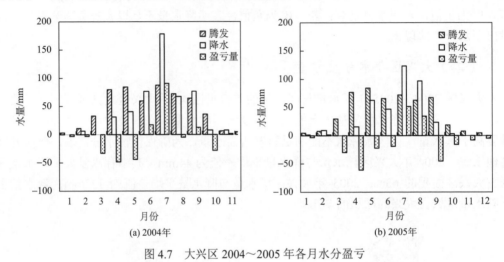

图 4.7　大兴区 2004～2005 年各月水分盈亏

第二节　区域蒸散定额和灌溉用水定额分配

区域水平衡分析表明，大兴区属资源性缺水地区，缓解水资源紧缺的根本出路在于节水，所以该区域用水管理应实行"总量控制和定额管理"相结合的制度。实现"总量控制和定额管理"的前提是要建立两套指标体系，一是水资源控制的宏观控制指标；二是各地区和行业生产每项产品的用水定额，其中用水定额是确定用水总量及用水计划的基础，也是今后水行政主管部门科学核定取水许可数量及建立水权分配制度的重要依据。农业是用水、耗水大户，也是定额管理最复杂的行业。农业用水定额的基础是确定各种作物适宜的耗水量，即作物 ET 定额；而合理的作物 ET 定额是确定相应灌溉用水定额的基础数据。

以往作物灌溉用水定额计算是首先计算作物需水量，并分析作物全生育期内有效降水量，同时考虑对地下水利用及补给状况，采用水量平衡法计算作物净灌溉定额，最后考虑区域灌溉水利用系数情况确定毛灌溉定额。其中作物需水量推求主要基于 FAO 彭曼-蒙蒂斯公式，该法所用气象数据多来源于单个站点资料，区域代表性不足；同时因作物需水量计算的是无水分胁迫下作物潜在腾发量，对于资源型缺水区域，利用该数据计算灌溉定额会偏大。

本节首先利用遥感 ET 和遥感作物产量数据构建区域水分生产函数，通过对所构建的作物水分生产函数进行分析，初步确定适宜的作物耗水量，并结合理论计算的作物需水量对所确定的适宜作物耗水量进行修正，以此获得主要作物的 ET 定额；以作物 ET 定额为评价标准，对超出该作物 ET 定额的像元值进行调整，获得定额管理节水潜力；根据确定的作物 ET 定额，并分析作物生育期内有效降水情况，采用水量平衡法推求作物净灌溉定额。

一、不同作物蒸散定额的确定与验证

区域 ET 定额，是指在一个特定发展阶段的流域或者区域内，以其水资源条件为基础，以生态环境良性循环为约束，满足区域水平衡和经济可持续发展要求相适应的耗水量上限。区域 ET 定额，从总量上给出该区域的 ET 管理目标，表征当地可耗水量。要实现区域 ET 定额，必须将区域 ET 定额分解到各地区不同作物上，即确定不同作物的 ET 定额。作物 ET 定额的选取是确定区域 ET 定额及水资源定额管理的基础。GEF 海河流域水资源与水环境综合管理项目"战略研究之四"给出大兴区的区域 ET 定额为 561mm，而大兴区现状 ET 为 571mm（2003～2005 年遥感 ET 均值），二者间相差 10mm。

（一）蒸散定额的确定

1. ET 定额的计算方法

利用不同作物各像元的遥感 ET 和遥感产量数据构建水分生产函数，作物合理 ET 定额应介于水分生产率最大时作物经济耗水量和产量达到最高时理论耗水量之间，因为大兴区为资源性缺水地区，研究中对该区域的作物 ET 定额选取以作物经济耗水量为准如图 4.8 所示，并考虑选用同期作物需水量计算结果对所确定的作物 ET 定额进行修正。

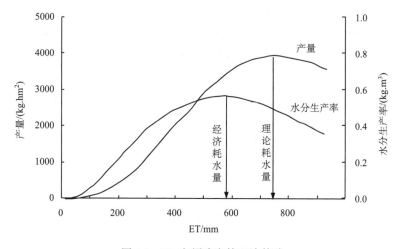

图 4.8　ET 定额确定的理论基础

作物水分生产率指在一定的作物品种和耕作栽培条件下单位耗水量所获得的产量，是衡量农业生产水平和农业用水科学性与合理性的综合指标（Keller et al., 1996; Tasimi et al., 2005; Henry et al., 2006；李远华等，2001），计算公式如下：

$$WP_{sci} = Y_{sci} / ET_{sci} / 10 \tag{4.5}$$

式中，WP_{sci} 为第 i 个像元的作物水分生产率（kg/m^3）；Y_{sci} 为第 i 个像元的遥感作物产量（kg/hm^2）；ET_{sci} 为第 i 个像元的遥感作物蒸散量（mm）。

由于遥感数据的分辨率为 30m，在研究区内一种作物所占的像元数有上万个，甚至更多，若用各个像元所对应的水分生产率拟合水分生产函数，则数据点过多且离散程度高，如 2004～2005 年冬小麦所有像元下耗水与水分生产率关系见图 4.9。

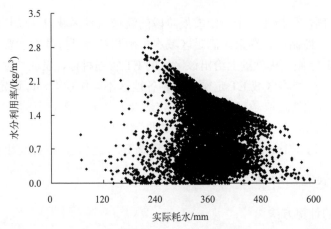

图 4.9 2004～2005 年冬小麦所有像元下的 ET 值与其相应水分生产率间的关系

为此，结合作物遥感 ET 分布实际情况，将 ET 相近的像元组合，分组间隔为 20mm，把遥感 ET 数据分成 60～80mm、…、460～480mm、…680～700mm，然后对作物遥感 ET 数据进行分类均值计算，并计算相应的水分生产率，由此获得作物产量、作物水分生产率与实际耗水关系。由主要作物田间试验研究可知，作物水分生产率与实际耗水可表示为二次抛物线关系，即当实际耗水为某一特定值时，作物水分生产率能达到最大值。利用作物水分生产率与实际耗水的二次抛物线关系模型，可求出水分生产率达到最大时的作物经济耗水量。如作物经济耗水量小于 ET_c，ET_q 取值为作物经济耗水量；反之，如因遥感反演精度或其他原因，计算得到作物经济耗水量大于 ET_c，ET_q 修正为 ET_c，ET_q 计算公式如下：

$$WP_{rc} = a\,ET_{rc}^2 + b\,ET_{rc} + c \tag{4.6}$$

$$ET_q = \begin{cases} -\dfrac{b}{2a}\left(-\dfrac{b}{2a} \leqslant ET_c\right) \\ ET_c\left(ET_c < -\dfrac{b}{2a}\right) \end{cases} \tag{4.7}$$

$$ET_c = K_c \times ET_o \tag{4.8}$$

式中，a，b 为系数；c 为常数项；WP_{rc} 为分类后水分生产率均值（kg/m^3）；ET_{rc} 为分类后遥感 ET 均值（mm）；ET_q 为 ET 定额（mm）；ET_c 为作物需水量（mm）；K_c 为作物系数。

2. 主要作物 ET 定额的估算

冬小麦产量及水分生产率与实际腾发量的关系见图 4.10，随着实际耗水增大，冬小麦产量增加；但当实际耗水超过 573mm 时，随着实际耗水的增大，冬小麦产量增加缓慢，甚至出现产量下降趋势。冬小麦水分生产率与实际耗水的关系，类似于冬小麦产量与实际耗水的关系，在一定阈值范围内随着实际耗水增加，冬小麦水分生产率增大，但实际耗水超过该阈值冬小麦水分生产率增加缓慢，甚至造成水分生产率降低。冬小麦水分生产率的峰值出现在实际耗水为 346mm，其所对应的水分生产率及产量分别为 1.26kg/m^3、4675kg/hm^2。冬小麦水分生产率与腾发量的二次抛物线拟合方程如下：

$$\mathrm{WP_{rc}} = -0.0000037\,\mathrm{ET_{rc}^2} + 0.0026\,\mathrm{ET_{rc}} + 0.81 \qquad R^2 = 0.467 (P \leqslant 0.01) \qquad (4.9)$$

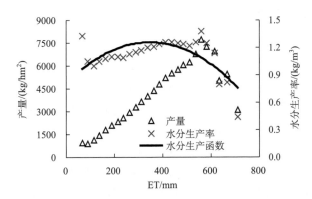

图 4.10　冬小麦腾发量与产量及水分生产率之间的关系

通过计算获得 2004～2006 年冬小麦 ET$_c$ 均值为 434mm，依据作物水分生产率最大，产量较高，而实际耗水相对较低的原则确定冬小麦 ET 定额为 346mm。

（二）蒸散定额的验证

1. 冬小麦 ET、产量及水分生产率的频率分布

根据遥感数据的平均值及标准差，利用 NORMDIST 函数分别计算作物 ET、产量及水分生产率对应的分布比例，获得冬小麦腾发量、产量及水分生产率的正态模型计算的统计拟合分布图（图 4.11），分析表明，冬小麦水分生产率主要分布于 0.80～2.60kg/m^3，其均值为 1.18kg/m^3；冬小麦产量分布于 800～10400kg/hm^2，产量均值为 3930kg/hm^2；冬小麦实际耗水主要分为 200～560mm，遥感 ET 的均值为 328mm。与冬小麦 ET 定额 346mm 所对应的产量及水分生产率分别为 4675kg/hm^2、1.26kg/m^3。依据统计拟合分布图可获得冬小麦 ET 定额、定额产量及定额水分生产率频率对应频率范围分别为 18%～19%、15%～16%、12%～14%；而由该拟合分布图知冬小麦腾发量、产量及水分生产率所对应频率最大分别为 19.62%、15.62% 及 14.28%，所以冬小麦 ET 定额、定额产量及定额水分生产率对应的频率在正态模型计算的分布图峰值内。可见，利用定额模型计算获得的冬小麦的 ET 定额为 346mm 是合理的。

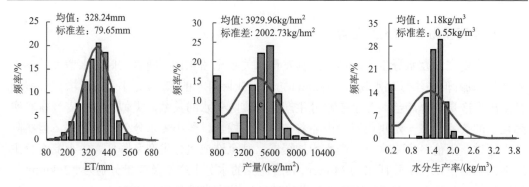

图 4.11　冬小麦腾发量、产量及水分生产率的频率分布

2. 冬小麦 ET 定额的节水内涵检验

由图 4.12 可看出，冬小麦 ET 定额 346mm 的邻近区域腾发量为 340~350mm，与其对应的产量分布表现一定差异，主要分布在 3500~6500kg/hm² 范围内，根据统计拟合分布图知该范围内产量约占 85%比例；有 58%比例的像元值低于 4675kg/hm²。冬小麦定额下产量数据 4675kg/hm² 的邻近区域为 4600~4700kg/hm²，与其对应的腾发量呈正态分布，主要分布在 240~480mm 区域范围内，根据统计拟合分布图知该范围内 ET 约占 97%；其中有 50%的像元所对应腾发量高于 346mm。可见，在农业耗水保持不变情况下，加强农艺及水肥管理措施能使冬小麦产量进一步提高；在产量保持不变情况下，可通过节水管理措施使冬小麦的耗水降低，由此证明所确定的冬小麦 ET 定额是可行的，并且存在一定压缩空间。

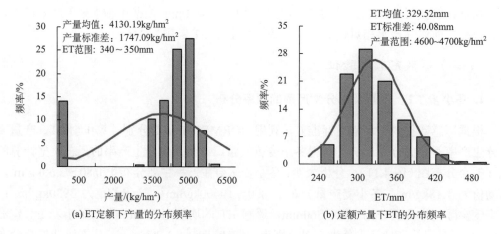

(a) ET定额下产量的分布频率　　　　　　　(b) 定额产量下ET的分布频率

图 4.12　冬小麦 ET 定额的节水内涵检验

二、基于遥感蒸散的节水潜力分析

农业节水潜力主要分为两类，即工程性节水潜力和资源性节水潜力，其中工程性节水量是现状源头取用水量与采取节水措施后源头取用水量间的差值，其构成主要包括渗

漏损失量及无效损耗量的减少量；而资源性节水量是指通过农业节水作用，在农田及灌溉系统中腾发量及无效流失量的减少量，又称为真实节水量。由于获取大范围内 ET 数据比较困难，以往的农业节水以工程性节水研究为主（Gao, et al., 2002; Blanke, et al., 2007; 沈振荣等，2000; 姚治君等，2000；裴源生等，2007）。传统节水量把减少渠系和田间渗漏量、渠道退水量，以及田间排水量统统归为节水量，实际上该节水量中部分水量属可回归水，并没有损失而是被下游或生态环境所利用（李英，2001）。遥感技术克服了传统点源地表监测的局限性，特别是随着遥感技术的革新所获得遥感影像具有时空分别率高、多倾斜角度、多光谱等属性，所有这些使得利用遥感技术监测大范围内的腾发量不仅可行，而且能保证一定精度（Tasimi et al., 2005; Chen et al., 2008; Pan et al., 2008; Prasanna et al., 2008; Santos et al., 2008）。一方面，利用遥感监测 ET 数据开展区域节水潜力研究与传统方法不同，能获得因耗水减少引起的净节水量，符合资源性节水内涵。本书利用区域作物遥感 ET 时空分布数据，依据所确定主要作物 ET 定额作为评判标准，探求主要农作物定额管理的节水潜力；另一方面，以研究区耗水较小农业土地利用类型为评判标准，探求高耗水的农业用地被替代而获得种植结构调整的节水量。

（一）定额管理节水潜力分析

1. 计算方法

保持现有土地利用结构不变，以该土地利用类型 ET 定额为评价标准，如其实际耗水像元值高于该土地利用类型的 ET 定额，超出部分为奢侈耗水，而实际耗水像元值小于该土地利用类型 ET 定额，考虑影响作物耗水因素的复杂性，保持其现状。为此，控制多余的奢侈耗水使较大实际耗水像元值调整到 ET 定额而节约的水量，即为该种土地利用类型定额管理节水潜力，节水潜力计算公式如下：

$$\mathrm{WSP} = \left(\mathrm{ET_{scv}} - \mathrm{ET_{adv}}\right) \times S / 10 \tag{4.10}$$

$$\mathrm{ET_{scv}} = \frac{1}{n} \sum_{i=1}^{n} \mathrm{ET_{sci}} \tag{4.11}$$

$$\mathrm{ET_{adv}} = \frac{1}{n} \sum_{i=1}^{n} \mathrm{ET_{adci}} \tag{4.12}$$

$$\mathrm{ET_{adci}} = \begin{cases} \mathrm{ET_{sci}} \left(\mathrm{ET_{sci}} \leqslant \mathrm{ET_q}\right) \\ \mathrm{ET_q} \left(\mathrm{ET_{sci}} > \mathrm{ET_q}\right) \end{cases} \tag{4.13}$$

式中，WSP 为节水潜力（万 m^3）；$\mathrm{ET_{scv}}$ 为该作物遥感现状 ET 均值（mm）；$\mathrm{ET_{adv}}$ 为该作物调整后 ET 均值（mm）；S 为该土地利用在研究区域的面积（km^2）；$\mathrm{ET_{sci}}$ 为第 i 个像元现状 ET 值（mm）；$\mathrm{ET_{adci}}$ 为定额调整后第 i 个像元 ET 值（mm）；n 为研究区域内该土地利用类型的像元数。

2. 定额管理节水潜力的结果分析

通过ET定额模型计算获得夏玉米的ET定额为313mm；由于没有获得棉花遥感产量数

据，而人工草坪主要以草坪品质评价质量，所以不能通过该方法确定棉花及人工草坪的ET定额。根据棉花及人工草坪遥感耗水的实际情况，以现状耗水均值为基准，结合2004～2006年棉花及人工草坪的计算的需水量均值分别为494mm、608mm，初步确定棉花及人工草坪的ET定额分别为494mm、608mm；同时根据上述研究所确定冬小麦及夏玉米的ET定额，对该4种主要农作物定额管理的节水潜力进行分析，结果见表4.4。夏玉米的种植面积最大，其次为冬小麦，而棉花种植面积最小，该3种作物种植面积分别占大兴区面积50.57%、15.35%、0.11%，而人工草坪建植面积占大兴区面积1.43%。在ET定额确定的基础上，从节水量角度进行比较分析，夏玉米节水量最大，其次为冬小麦，依次为人工草坪及棉花，分别为1177万m³、369万m³、158万m³及13万m³。作物节水量的大小，一方面取决于该作物种植面积大小；另一方面受制于调整后作物ET与现状作物ET的差值情况，该数值反映单位面积该种土地利用类型下作物定额管理节水强度。另外，从对降低大兴区的区域ET定额贡献进行比较发现，夏玉米定额管理节水贡献最大，依次为冬小麦、人工草坪，而节水贡献最小为棉花，其贡献量分别为11.27mm、3.54mm、1.51mm及0.13mm，合计16.45mm。为大力挖掘区域主要农作物节水潜力特别是从节水量及节水强度两个方面考虑，在大兴区夏玉米及冬小麦定额管理耗水节水潜力相对较大。

表 4.4　主要农作物定额管理节水潜力

项目	小麦	夏玉米	棉花	人工草坪
种植面积/km²	160.23	527.79	1.1	14.91
占研究区面积比例/%	15.35	50.57	0.11	1.43
现状 ET/mm	327.5	302.12	598.94	711.23
ET 定额/mm	346	313	494	608
调整后 ET/mm	304.46	280.84	479.93	522.9
差值/mm	23.05	22.3	119.01	106.01
节水量/万 m³	369.27	1176.75	13.09	158.06
对降低区域 ET 定额的贡献/mm	3.54	11.27	0.13	1.51

可见，为增加大兴区农业用水的资源节约量，全面提高农业用水效率，在该区域应注重夏玉米及冬小麦耗水的定额管理；另外，由表 4.4 可看出人工草坪及棉花的定额管理节水强度较大，如在将来情况人工草坪及棉花种植面积增大，对其耗水同样要加强管理以减少区域耗水量。

（二）种植结构调整节水潜力分析

通过对 2004 年春季及秋季土地利用进行叠加分析表明，研究区农业用地涉及其他作物、其他-棉花、其他-玉米、休耕-其他、露天菜地、菜地-玉米、休耕-玉米、小麦-菜地、小麦-其他、休耕-棉花、休耕-菜地、小麦-玉米、人工草坪、小麦-棉花、乔木绿地等 15 种主要土地利用类型，2004 年各土地利用遥感 ET 及同期降水情况见图 4.13，表明其他作物耗水最少。本书以减少耗水为目的，种植结构调整依据为减少高耗水作物种植面积，同时增加耗水少作物种植面积。高耗水农业用地种植面积被研究区其他作物种植面积替代将减少农业用地耗水量，以此来分析因种植结构调整的节水量。

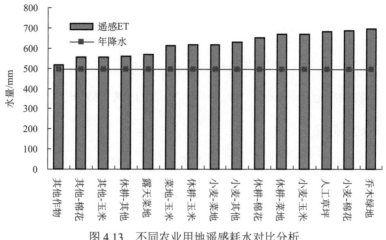

图 4.13　不同农业用地遥感耗水对比分析

由表 4.5 农业用地种植结构调整节水潜力分析可看出，乔木绿地的节水强度最大，小麦-棉花连作地节水强度次之，最小的为其他-棉花连作地，分别为 177.75mm、168.24mm、37.84mm。某种农业用地节水潜力，一方面受该土地利用类型的节水强度的影响；另一方面受该种土地利用类型在研究区的面积影响更为明显。分析表明，节水量最大为休耕-玉米连作地、其次为小麦-玉米连作地，最小为露天菜地，分别为 3620.55 万 m³、2130.69 万 m³、2.07 万 m³；对降低区域 ET 定额的贡献分别为 34.70mm、20.42mm、0.02mm。由此可见，考虑对研究区进行种植结构调整，休耕-玉米及小麦-玉米连作地应作为农业用地种植结构调整重点。

表 4.5　农业用地种植结构调整节水潜力

农业用地	其他棉花	其他玉米	休耕其他	露天菜地	菜地玉米	休耕玉米	小麦菜地	小麦其他	休耕棉花	休耕菜地	小麦玉米	人工草坪	小麦棉花	乔木绿地
面积/km²	0.69	55.44	134.12	0.4	1.31	366.23	0.73	19	3.12	1.41	138.43	5.37	1.6	57.29
节水强度/mm	37.84	40.64	43.16	51.74	96.01	98.86	99.59	114.82	135.33	152.14	153.92	165.64	168.24	177.75
节水量/万 m³	2.61	225.3	578.92	2.07	12.58	3620.55	7.27	218.16	42.22	21.45	2130.69	88.95	26.92	1018.3
对降低区域 ET 的贡献/mm	0.03	2.16	5.55	0.02	0.12	34.7	0.07	2.09	0.4	0.21	20.42	0.85	0.26	9.76

三、基于遥感蒸散定额的灌溉定额分配

（一）计算方法

1. 净灌溉定额分配

作物腾发、渗漏损失及其他水分需求的一部分可依靠降水和土壤水供给，供给不足

的部分必须通过灌溉补充。灌溉适时补充土壤水分不足，确保作物正常生长，作物生长过程中需依靠灌溉补充的水量为作物的净灌溉定额。本书不考虑土壤水的变化和其他水分需求，视作物净灌溉定额为 ET_q、ET_c 及有效降水量（P_e）的函数，其大小随生育期内有效降水而改变，计算公式如下：

$$I_{净} = \begin{cases} ET_q - P_e \ (ET_q \leqslant ET_c) \\ ET_c - P_e \ (ET_q > ET_c) \end{cases} \tag{4.14}$$

式中，$I_{净}$ 为作物的净定额（mm）；P_e 为作物生育期内的有效降水（mm）。

2. 毛灌溉定额分配

毛灌溉定额指灌区全年平均每单位面积从水源引入的灌溉水量，即总灌溉引水量与总灌溉面积之比。单位面积上的毛灌溉用水量与净灌溉水量之间的关系可以用下式表示：

$$Q = \frac{I_{净}}{\eta} \tag{4.15}$$

式中，Q 为毛灌溉定额（mm）；$I_{净}$ 为净灌溉需水量（mm）；η 为灌溉水有效利用系数。

3. 有效降水计算

作物生长期的有效降水量指能够提供给作物蒸发蒸腾，从而减少作物对灌溉水需求的雨量。对于旱作物，有效降水量指总降水量中能够保存在作物根系层中用于满足作物蒸发蒸腾需要的那部分雨量，不包括地表径流和渗漏至作物根系吸水层以下的部分。对于水田作物，由于在各生育阶段均有其最大的适宜水层深度，有效降水指总降水量中把田面水深补充到最大适宜深度的部分，以及供作物蒸发蒸腾利用的部分和改善土壤环境的深层渗漏部分之和，不包括形成地表径流和无效深层渗漏部分。

影响有效降水的主要因子有降水强度、土壤质地及结构、地形及平整度、降水前的土壤含水量、作物种类及生育阶段、作物需水量、耕作措施和灌溉管理措施等。作物有效降水量需逐时段（日、旬或月）计算，由于不同作物需水量不同，生长期内的降水量和降水分布也有很大差别，因此，降水的有效利用比例也因作物而异。计算作物生育期有效降水量最准确的方法是时段水量平衡法，需逐时段的计算水量平衡，且要掌握时段初土壤储水量的实测值和最大储水量，这在规划设计中是较难实现的。目前我国各地已总结出一些计算不同作物有效降水量的经验公式，但这些经验公式均需要确定出适合当地土质、作物等条件的计算参数，通用性较差。作物有效降水量的计算方法与计算时段的长度选取有关，研究表明时段内有效降水量可满足以下简化公式：

$$P_{ei} = \begin{cases} P_i \ (P_i \leqslant ET_{ci}) \\ ET_{ci} \ (P_i > ET_{ci}) \end{cases} \tag{4.16}$$

式中，P_{ei} 为计算时段内的有效降水量（mm）；P_i 为计算时段内的降水量（mm）；ET_{ci} 为计算时段内的作物需水量（mm）（采用 FAO 推荐的彭曼-蒙蒂斯公式及分段单值作物系数法计算）。

（二）计算结果

1. 各作物生育期内有效降水

不同计算时段下各年份主要农作物生育期内有效降水比例系数见表4.6，分析表明以逐日为计算时段时计算的有效降水比例系数小，而以整月为计算时段时有效降水比例系数偏大。有效降水量的计算主要考虑不同时段土壤水平衡分析，依据研究区的土壤类型，其能蓄80～100mm的降水，该水量能供一般作物15天左右的消耗。为此，本书灌溉定额确定采用以半个月为计算时段时有效降水的计算结果。

表 4.6　不同计算时段下不同年份各作物生育期内有效降水比例系数

作物	年份	生育期内降水量/mm	有效降水比例系数							
			日		旬		半月		月	
			各年	均值	各年	均值	各年	均值	各年	均值
冬小麦	2004	238.90	0.13		0.59		0.57		0.70	
	2005	136.80	0.22	0.24	0.89	0.79	0.95	0.84	0.98	0.89
	2006	95.10	0.36		0.90		1.00		1.00	
夏玉米	2004	408.70	0.16		0.54		0.66		0.84	
	2005	321.70	0.14	0.15	0.51	0.51	0.58	0.55	0.63	0.68
	2006	510.74	0.13		0.47		0.41		0.58	
棉花	2004	527.70	0.16		0.59		0.61		0.86	
	2005	407.20	0.18	0.17	0.62	0.58	0.80	0.67	0.86	0.80
	2006	603.14	0.16		0.52		0.59		0.69	
人工草坪	2004	568.70	0.16		0.61		0.63		0.88	
	2005	426.70	0.18	0.17	0.63	0.58	0.76	0.66	0.82	0.78
	2006	618.34	0.17		0.51		0.59		0.65	

2. 主要作物灌溉定额

不同年份主要农作物净灌溉定额见表4.7，分析表明不同年份因降水量差异，主要农作物净灌溉定额不同，同时净灌溉定额也受降水分布影响。通过对不同作物净灌溉定额进行比较发现，人工草坪灌溉定额最大约244mm，依次为冬小麦约226mm、棉花约147mm及夏玉米约80mm；2007年北京市灌溉水利用系数为0.67，本书采用该数值计算了冬小麦、夏玉米、棉花及人工草坪的毛灌溉定额分别为337mm、119mm、219mm、364mm，人工草坪的毛灌溉定额最大，其次为冬小麦，而夏玉米毛灌溉定额最小。

表 4.7　　不同水文年各作物生育期内净灌溉定额及毛灌溉定额　　　（单位：mm）

作物	年份	ET 定额	作物需水量	有效降水量	净灌溉定额		毛灌溉定额	
					各年	均值	各年	均值
冬小麦	2004	346.00	534.15	136.44	209.56		312.78	
	2005	346.00	404.55	129.86	216.14	225.53	322.60	336.61
	2006	346.00	363.77	95.10	250.90		374.48	
夏玉米	2004	313.00	344.94	269.49	43.51		64.94	
	2005	313.00	284.77	186.19	98.58	79.99	147.13	119.39
	2006	313.00	309.48	211.60	97.89		146.10	
棉花	2004	494.00	523.19	321.05	172.95		258.13	
	2005	494.00	457.13	325.91	131.22	146.96	195.85	219.34
	2006	494.00	503.12	357.31	136.69		204.01	
人工草坪	2004	608.00	654.55	357.60	250.40		373.73	
	2005	608.00	573.04	325.72	247.32	244.21	369.13	364.49
	2006	608.00	598.06	363.13	234.92		350.63	

第三节　基于遥感蒸散数据的区域水平衡分析

区域水平衡分析是保证水资源可持续利用和经济可持续发展的基础。针对大兴区水资源短缺形势严峻，为扭转当前不利局面，有必要加强区域水平衡分析研究，以揭示水循环变化规律。对于大兴区来说，农业是该区域的用水及耗水大户。探索提高农业用水管理水平及改善农业种植结构等措施下区域水循环变化规律，有利于未来农业用水规划及管理。本书选择 CPSP 模型为区域水平衡工具，以遥感土地利用作为模型基础输入数据，用遥感 ET 数据对模型进行率定及验证，在此基础上对区域水平衡状况进行分析；根据该区域现状水资源状况设定不同情景，研究提高灌溉水利用效率及实行亏缺灌溉、改善农业种植结构及利用区外水源等不同情景下区域水循环各分量的变化规律，并针对农业耗水变化规律展开深入研究，对于寻求应对区域水资源危机的适应性对策及维系社会经济可持续发展具有重大意义。

一、模型概述

CPSP（country policy support programme）模型是国际灌排委员会（ICID）为在印度和中国实施的"以流域为单位的灌溉发展与水资源合理配置"项目开发的分区集总式水平衡分析模型，这一模型除了在上述项目中得到验证和应用之外，还在埃及、墨西哥等发展中的灌溉大国成功应用。该模型从水土资源合理开发和管理的角度对水资源进行分析，综合考虑了人类对水的各种需要，特别是灌溉发展和土地使用的变化影响（高占义，2005）。模型可用来计算整个土地利用的水循环过程，包括由于土地利用或农业用水改变而引起的水文变化。它可以分别描述地表水平衡、地下水平衡、地表水地下水之间的相互作用，以及取水对蓄水量和耗水量的影响，模型结构示意图见图 4.14。该模型包含自然模块、人类活动模块、地表水模块、地下水模块及需水模块等，其中自然模块主要涉及降水量的循环过程；人类活动模块主要涉及灌溉水、工业用水、居民生活用水、地表水库调蓄及流域调水的循环过程；地表水模块主要描述河川径流所有的输入量；地下水模块描述地下水库所有输入量；需水模块中根据用水类别如非农业用地、农业用地、居民生活用水及工业用水等，在流域尺度内对需水量分别进行计算。

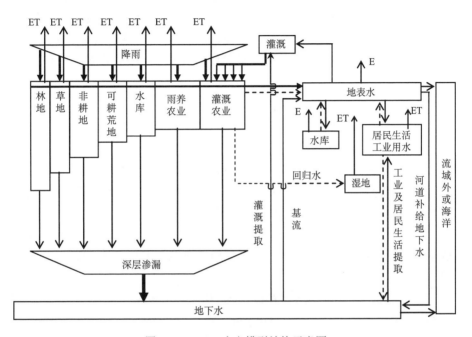

图 4.14　CPSP 水文模型结构示意图

1. 水量平衡模型水量平衡方程定义为

$$Q_{\text{in}} + P + \nabla s = Q_{\text{out}} + \text{ET} \tag{4.17}$$

式中，Q_{in} 为入流总量；Q_{out} 为出流总量；P 为降水量；∇S 为蓄变量；ET 为蒸散耗水量。

$$Q_{\text{in}} = \text{SW}_{\text{in}} + \text{GW}_{\text{in}} \tag{4.18}$$

$$Q_{\text{out}} = \text{SW}_{\text{out}} + \text{GW}_{\text{out}} + R \tag{4.19}$$

式中，SW_{in} 为地表水调入量；GW_{in} 为其他流域汇入的地下水量；SW_{out} 为地表水调出量；GW_{out} 为流出到其他流域的地下水量；R 为河道出流量。

2. 耗水计算

$$\text{ET} = \text{ET}_a + \text{ET}_{\text{Na}} \tag{4.20}$$

$$\text{ET}_a = \text{ET}_{\text{p}} + \text{ET}_{\text{I}} + \text{ET}_{\text{Swamps}} \tag{4.21}$$

$$ET_p = \min\left\{ ET_c \times \min\left[\frac{(W_{soil}+P)}{(ET_c+W_{soilMC})}, 1 \right]^{\omega}, (W_{soil}+P) \right\} \tag{4.22}$$

$$ET_I = \max\left[(ET_c - ET_p), 0 \right] \times IG \tag{4.23}$$

$$ET_c = K_c \times ET_o \tag{4.24}$$

式中，ET_a 为土地实际蒸散耗水量；ET_{Na} 为工业及居民生活的耗水量；ET_P 为降水的蒸散量；ET_I 为灌溉水的蒸散量；ET_{Swamps} 为灌溉滞水的蒸散量；ET_c 为作物潜在蒸散量；W_{soil} 为降水前期作物可利用的土壤初始含水量；$W_{soil\ MC}$ 为土壤最大蓄水能力；ω 为土壤水分衰减系数；IG 为灌溉保证率；ET_0 为参照作物蒸散量；K_c 为作物系数。

3. 地下水平衡

$$S_{GW}(i+1) = S_{GW}(i) + C_{GWtotal} - WD_{GWtotal} - BF \tag{4.25}$$

$$C_{GWtotal} = RC_p + RT_{IR} + RT_{DIN} + RC_R + GW_{in} \tag{4.26}$$

$$WD_{GWtotal} = WD_{GWIR} + WD_{GWPC} + WD_{DIN} + GW_{out} \tag{4.27}$$

式中，$S_{GW}(i+1)$ 为时段末地下水储量；$S_{GW}(i)$ 为时段初地下水储量；$C_{GWtotal}$ 为地下水总输入量；$WD_{GW\ total}$ 为地下水取水总量；BF 为河道基流量；RC_P 为降雨补给地下水量；RT_{IR} 为灌溉回归地下水量；RT_{DIN} 为工业及居民生活用水回归地下水量；WD_{GWIR} 为地下水灌溉取水量；WD_{GWPC} 为取地下水到渠道补充地表水缺水量；WD_{DIN} 为工业及居民生活取用地下水量。

$$WD_{GWIR} = K_{id} \times (ET_I + DP) / WUE_{GW} \tag{4.28}$$

$$DP = 90 \times K_{pa} \tag{4.29}$$

$$BF = \max\left[S_{GW}(i+1) \times REC_{GW}, 0 \right] \tag{4.30}$$

式中，K_{id} 为水分亏缺因子；DP 为水生作物种植时的渗漏水量；WUE_{GW} 为地下水灌溉水分利用系数；K_{pa} 为水生作物因子。

4. 模型参数

模型参数包括 4 类：植被参数、土壤水分参数、地表水及地下水资源转换参数等，见表 4.8。由上述方程来看，该模型参数都具有明确物理意义，但在实际应用过程中，受条件限制，特别是大区域范围内获取不易。因此在没有试验数据时，可先依据常规对这些参数进行假定，然后利用已有的气象水文观测数据，通过反复模拟分析和参数反演来确定。

表 4.8　CPSP 模型主要参数及取值依据

参数名	取值依据
作物系数 K_c	参考 FAO56 及大兴试验站数据
土壤蓄水能力	取决于土地利用类型，在参考模型缺省值基础上，通过模型率定获取

续表

参数名	取值依据
土壤水分衰减指数	通过模型率定获取
降水补给系数	通过模型率定获取
地下水退水系数	通过模型率定获取
工业及居民生活耗水系数	北京市水资源公报（2004~2005）
灌溉回归水蒸发系数	采用模型缺省值及调查估计获取

二、模型校验

（一）计算分区及基础数据输入

考虑到项目区为行政区域，不是封闭水文单元，且地势较为平缓，汇流关系不清楚。鉴于此，结合 DEM 数据，利用实际手工矢量河网数据采用"burn-in"方法，提取流域河网。流域河网生成后，考虑选择包含大兴区闭合流域为基准进行流域划分，提取后的流域与大兴区边界进行叠加分析，将大兴区划分 5 个子流域进行研究（图 4.15），各子流域分别为 Sub1、Sub2、Sub3、Sub4、Sub5，其面积总和为 1034.99km²，占大兴区面积的 99.1%。分别采用 2004 年及 2005 年的土地利用，实测水文和气象资料作为输入数据，对模型进行率定及验证。

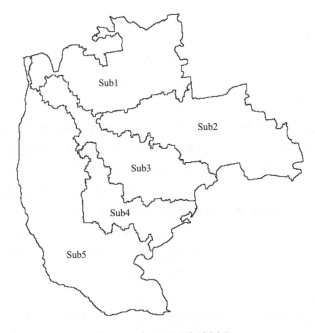

图 4.15　大兴区子流域划分

（二）模型率定及验证

1. 模型率定

根据现有的数据资料，以 2004 年数据对模型进行率定，一方面考虑遥感监测的 ET 与模型计算的 ET 相比较；另一方面利用模型计算结果中地下水的变化与观测的结果相比较。研究中对 30 个地下水位观测井月实测数据进行反距离加权插值分析，以此为基础并结合子流域分区划分情况进行统计分析，便于与 CPSP 模型地下水计算结果进行比较。对于模型率定过程中的模拟值与观测值之间的差距，可采用 Nash 效率系数 R^2 及平均误差 M_e 来评价，Nash 效率系数值越接近 1，平均误差越小，表明模型模拟效果越好。

Nash 效率系数计算公式如下：

$$R^2 = 1 - \frac{S^2}{\sigma^2} \tag{4.31}$$

$$S = \sqrt{\frac{\sum_{i=1}^{n}\left(Q_{oi} - Q_{si}\right)^2}{n}} \tag{4.32}$$

$$\sigma = \sqrt{\frac{\sum_{i=1}^{n}\left(Q_{oi} - \overline{Q_{oi}}\right)^2}{n}} \tag{4.33}$$

式中，R^2 为 Nash 效率系数；Q_{oi}、$\overline{Q_{oi}}$ 为实测值及其均值；Q_{si} 为模型计算值；n 为实测数据个数。

平均误差的计算公式如下（公式中变量含义不变）：

$$M_e = \frac{1}{n}\sum_{i=1}^{n}\frac{\left|Q_{oi} - Q_{si}\right|}{Q_{oi}} \tag{4.34}$$

图 4.16 给出了模型率定下计算值与测定值间的关系，其中 2004 年 ET 的模拟值与同期遥感 ET 值的 Nash 效率系数 R^2 及平均误差 M_e 分别为 0.99、0.02，表明模型能较好模拟作物腾发过程；而 2004 年地下水储量的观测值与计算值的年内变化过程中 Nash 效率系数 R^2 及平均误差 M_e 分别为 0.59、0.54，Nash 效率系数较小，而平均误差 M_e 较大，造成该问题原因可能在于模型设定地下水月开采比例相同，该假定与实际情况存在差异。在实际情况中，干旱季节及作物需水高峰期，地下水开采量比较大。另外，由于项目区为行政区域，不是闭合流域，数据收集不完备，地下水模拟不甚理想可能原因在于对外来水情况考虑不足。根据模型中 ET 值及地下水位储量的对比进行整体分析，可以认为率定后模型具有一定精度，能适于该区域水量平衡模拟研究。

根据模型率定的结果，采用主要参数为：①土壤最大蓄水能力因土地利用差异而不同，乔木绿地采用 200mm，小麦地采用 100mm，其他农业用地采用 75mm，居民地采用 30mm；②假设 40%的剩余水量产生地面径流，60%的剩余水量补给到地下水，可以得到合理的出流量及补给地下水水量；③在 ET 计算的过程中，腾发量随土壤含水量变化的衰减指数采用 0.8；④地下水退水系数采用 0.25。

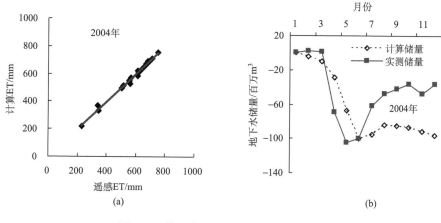

图 4.16　模型率定中计算值与测定值比较

2. 模型验证

依据模型率定所采用参数，结合 2005 年实测气象水文资料作为模型输入，选择模型计算 ET 及计算地下水储量为研究对象，通过对二者计算值与同期测定值进行对比分析，以此为基础对率定后模型进行验证。模型率定下计算值与测定值间的关系如图 4.17 所示，其中 2005 年 ET 的模拟值与同期遥感 ET 值的 Nash 效率系数 R^2 及平均误差 M_e 分别为 0.92、0.05；而 2005 年地下水储量的观测值与计算值的年内变化过程中 Nash 效率系数 R^2 及平均误差 M_e 分别为 0.55、−0.68。模型验证中表明率定后模型能很好模拟作物腾发过程，同时对地下变化趋势模拟精度还是可接受的。总之，根据模型率定和验证过程进行分析，可以看出模型能很好地反映出大兴区的水文特征，能用于大兴区未来情景下的水循环和用水状况进行预测。

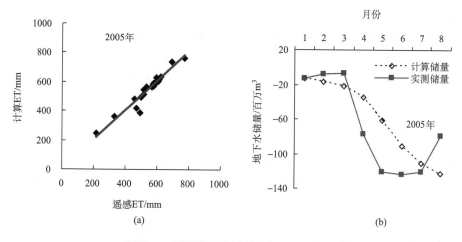

图 4.17　模型验证中计算值与测定值比较

三、区域水平衡现状

（一）现状水平衡

由北京市大兴区综合水平衡模拟结果可知（图 4.18），大兴区 2004 年降水量为 5.12 亿 m³，接近 50%平水年的降水量；2005 年降水量为 3.96 亿 m³，稍高于 75%枯水年降水量，因现状降水偏少模拟结果显示径流较小。结合《北京市大兴区水资源综合规划》（2004 年）成果中 50%平水年及 75%枯水年径流的计算结果分别为 0.32 亿 m³、0.13 亿 m³，而模型计算 2004 年及 2005 年径流量分别为 0.31 亿 m³、0.21 亿 m³，反映模型计算结果与《北京市大兴区水资源综合规划》（2004）的结果基本一致。

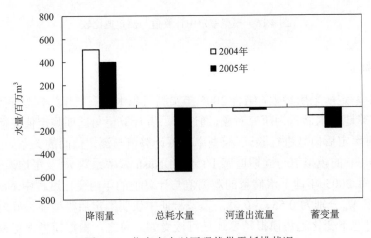

图 4.18　北京市大兴区现状供需耗排状况

取水量主要包括农业灌溉用水、工业及居民生活用水。在 2004 年及 2005 年灌溉用水量分别为 1.55 亿 m³ 及 1.78 亿 m³，占年取水总量的 70%以上。取水水源主要来自开采地下水，所占比例接近取水总量的 90%以上。2004 年及 2005 年总耗水量分别为 5.53 亿 m³、5.55 亿 m³，其中农业用地耗水占总耗水量的 79%左右。通过对现状年降水量、径流量及总耗水量情况进行比较分析知，在现状条件下大兴区缺水较严重，2004 年缺水 0.72 亿 m³，2005 年缺水 1.80 亿 m³。

（二）地下水平衡

地下水位实测数据显示，在大兴区 2004 年地下水位平均下降 0.06m，2005 年下降 0.61m。北京市大兴区地下水平衡模拟结果见图 4.19，地下水的补给量主要来自降水补给、灌溉回归水补给及河流补给；而地下水的支出部分主要来自农业灌溉、工业用水及生活用水，其中农业灌溉所占比例较大。根据大兴区实测地下水位月际变化规律，同时考虑大兴区农业灌溉的实际情况，分析表明地下水位下降主因在于农业灌溉取用地下水，所以应加强农业用水管理以确保地下水资源持续有效利用。

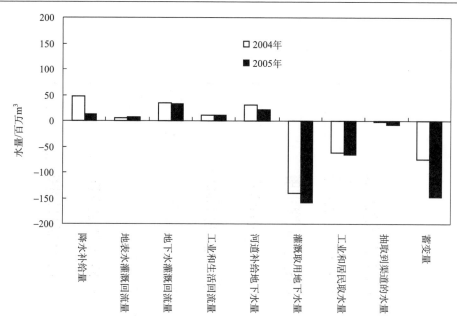

图 4.19　北京市大兴区现状地下水平衡状况

四、区域水平衡情景方案分析

（一）情景方案设定

大兴区水资源现状分析表明，区域缺水形势严峻。由于降水偏少，地表水匮乏且污染严重，供水主要来自地下水。农业灌溉是用水及耗水大户，也是该区域地下水下降的主因。随着人口的增加，城市化及工业化加速，工农业用水将增加更快。在保证居民生活及工业用水前提下，如何通过合理配置农业用水实现未来水资源持续利用。在未来情景设定中，首先考虑工业及居民生活用水增加情况；其次，针对农业是用水及耗水大户，从提高灌溉水利用系数、降低灌溉满足率及改善种植结构等措施，以减少灌溉取水量及农业耗水量，达到缓解地下水超采压力；另外，考虑该区域为资源性缺水地区，通过利用区外水源以实现水资源良性循环，情景方案见表 4.9。未来情景分析中采用 2005 年土地利用数据作为模型输入，而水文及气象资料采用 1986~2005 年共计 20 年数据作为模型输入。每种情景分析中，灌溉水源分别来自地表水和地下水。未来情景分析中，工业用水数据采用《北京市大兴区水资源综合规划》（2004）研究成果，而城镇居民生活用水、农村居民生活用水及农村牲畜需水根据历年用水数据分析结果采用综合定额法计算，该部分用水在未来情景中保持不变。根据规划水平年气候因子情况，首先考虑现状用水管理水平及现状土地利用结构下的水平衡状况，作为未来基本水平衡；第二，结合研究区水资源承载力实际情况，考虑采用先进水管理策略如提高水分利用效率、采用非充分灌溉等先进节水技术以降低灌溉满足率及调整作物种植结构使基本水平衡供需缺口减少的二次水平衡分析，不同情景下土地利用结构调整如图 4.20 所示；第三，以二次水平衡分析计算结果为基础，通过开源使研究区水资源达到平衡，地下水能保证采补平衡，使未来水资源可持续利用。而开源考虑两个方面，一是利用区外再生水资源；二是利用南水北调水，该部分数据借鉴《北京市大兴区水资源综合规划》（2004）的研究成果。

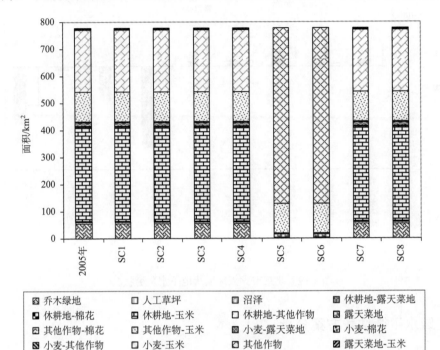

图 4.20　不同情景下土地利用情况

表 4.9　情景方案解释说明

约束条件	情景分析（2020 年）							
	SC1	SC2	SC3	SC4	SC5	SC6	SC7	SC8
现状种植结构	√	√	√					
提高用水效率		√	√	√	√	√	√	√
提高灌溉满足率			√					
降低灌溉满足率				√		√	√	
调整种植结构				√	√			
利用区外再生水							√	
利用南水北调水								√

（二）模拟结果分析

1. 不同情景下区域水平衡状况

不同情景下综合水平衡见图 4.21，在未来情景设定中，一方面大气蒸发力增大，另一方面工业及居民生活用水量急剧增加，在现状土地利用结构及现状用水管理水平下，大兴区缺水形势没有什么改观，缺水量为 1.79 亿 m³。在未来情景设定中，根据水资源紧缺实际，考虑提高用水管理水平，提高水资源利用效率，情景 2 中采用地表水利用效率由 0.45 提高到 0.70，而地下水利用效率由 0.75 提高到 0.9，模拟结果表明大兴区缺水 1.62 亿 m³。

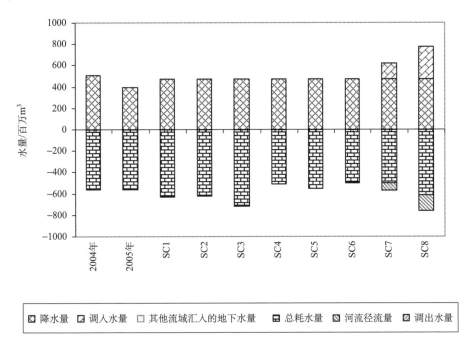

图 4.21 北京市大兴区综合水平衡图

通过对遥感 ET 数据进行对比分析，不同土地利用类型对应的实际耗水差异比较大；同时研究表明 CPSP 模型对灌溉满足率比较敏感，灌溉满足率降低，作物耗水明显减少。结合研究区水资源短缺实际情况，分别考虑降低灌溉满足率及调整作物种植结构以减少水资源供需缺口如情景 4、情景 5。灌溉满足率调整，基于考虑两个方面的理论支持，一是采用非充分灌溉等先进节水灌溉技术；二是考虑以往灌溉研究成果如针对特定土地利用类型采用在作物某个生育时段灌关键水。作物种植结构调整的依据为遥感土地利用耗水差异，以耗水较低的其他作物为参照土地利用类型，把高耗水的农业用地调整为其他作物用地。为了进一步挖掘研究区节水潜力，考虑采用降低灌溉满足率及调整作物种植结构两种节水措施交互作用下区域水资源平衡状况如情景 6。另外，也通过模型分析了利用区外再生水源及南水北调水下区域水平衡状况如情景 7、情景 8，模拟结果显示在利用区外水源条件下基本实现大兴区水资源供需平衡。

2. 不同情景下地表水平衡状况

由图 4.22 可看出，如果不考虑利用区外水源情况下，回归水占地表水总输入量的 60% 以上，特别是在未来情景模拟结果显示回归水占地表水总输入量的 90% 以上，可见回归水是大兴区地表水的主要水源，地表水第二补给源来自天然降水，而灌溉回归水对地表水的补给较小。地表水输出项主要表现在灌溉引用地表水、工业及居民生活引用地表水、河道补给地下水及流出研究区的径流量。在现状条件下由于降水少，降水对地表水补给量非常小。与未来情景相比，工业及居民生活用水量较小，其回归水汇集到地表水也不多。可见，地表水来水量相对较少，农业用地的灌溉水源将主要考虑开采地下水。为此，地表水输出项主要表现在对地下水的补给及雨季流出研究区的径流量两个方面。在未来情景中，主要由于工业及居民生活用水急剧增加，与过去情况相比其回归地表水量大幅提高，地表水输出项各子项相应增大。另外，通过对现状及未来情景下地表水平衡状况进行分析可知，尽管大兴区地表水比较缺乏，由于工业及居民生活用水、农业灌溉用水主要通过开采地下水，对地表水引用比较少，模型结果分析表明地表水基本能保持平衡状况，地表水源紧缺不明显。由此可见，在水质能够满足其他用户水源要求条件下，仍可适度利用地表水，以减少地下水开采量，从而缓解地下水供水压力。

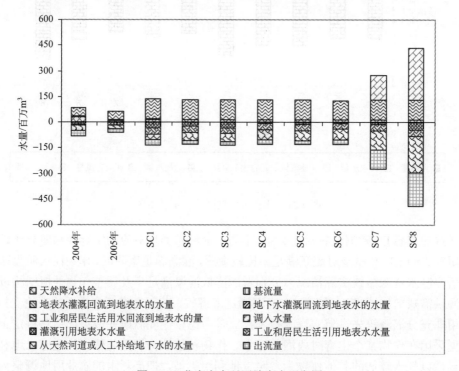

图 4.22　北京市大兴区地表水平衡图

3. 不同情景下地下水动态

为了研究地下水储量对不同农业用水管理方式响应情况，在情景 2～情景 5 设定中分别考虑提高灌溉水利用系数、提高灌溉满足率、降低灌溉满足率等不同农业用水管理模式下地下水动态响应规律（图 4.23），模拟结果分析表明：①提高灌溉水利用系数，灌溉提取地下水量明显减少，同时因灌溉水利用效率提高造成灌溉回归地下水量大幅度减少，由此可见提高水分利用效率并不能明显缓解地下水位下降趋势；②提高灌溉满足率，灌溉提取地下水量明显增加，在情景 3 中设定中考虑在高的灌溉水利用效率条件下其灌溉回归地下水量与情景 2 中灌溉回归地下水量相差不大，可见灌溉满足率提高能明显加大地下水供水压力；反之降低灌溉满足率使灌溉取用地下水量下降，同时灌溉回归地下水量也呈下降趋势但其对地下水储量波动影响有限，所以在大兴区这样水资源极其紧张的地下水灌区采取非充分灌溉等先进节水技术以降低灌溉满足率能较好缓解该区域地下水紧缺形势如情景 4。

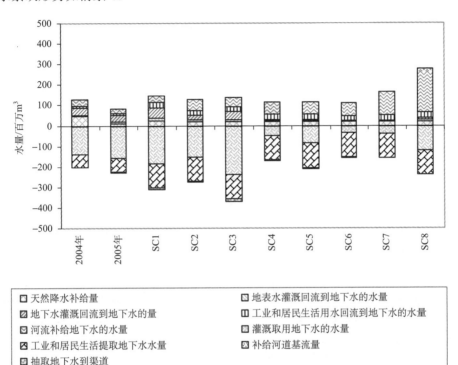

图 4.23　北京市大兴区地下水平衡图

通过对情景 2 及情景 4 计算结果进行分析表明，在现状土地利用结构下尽管采取一系列节水措施及节水途径，在水资源供需平衡中尚存在着实际供水总量小于需水总量的情况，因此有必要进一步研究农业种植布局调整对区域水资源动态的影响，种植结构调整原则以土地利用类型耗水多少为依据，即减少高耗水作物种植面积，扩大低耗水面积，如情景 5。通过作物种植结构调整，灌溉取水量下降较为明显，与情景 2 相比灌溉回归地下水量呈减少趋势，然而二者之间综合效应在一定程度上缓解区域地下水供水的紧缺形势，但与情景 4 相比在情景 5 中地下水超采更为严重。情景 6 反映了降低灌溉满足率及作物种植布局调整的联合作用下水平衡状况，该情景下地下水超采局面得到一定控制，但与情景 4 相比地下水超采状况并没有明显改善。情景 7 及情景 8 反映了利用区外水源下区域水平衡状况，研究表明适度利用区外水源，对于减轻研究区水质与水量压力都是非常有帮助的，但应注意是在利用区外水源时仍需要考虑采用先进灌溉技术以降低灌溉满足率，从而使区域水资源达到良性循环。

4. 不同情景下用水状况指标分析

为了研究对地表水及地下水取用情况，同时考虑回归水对地表水及地下水所带来的潜在威胁，本书选用了 4 个用水状况指标，其中指标 1 及指标 2 分别反映地表水及地下水的水量状况，而指标 3 及指标 4 分别反映地表水及地下水水质状况。各指标与水量的关系见表 4.10，而与水质之间的关系见表 4.11。各指标计算公式如下：

$$I_1 = \frac{\mathrm{WD_{SWtotal}}}{C_{\mathrm{SW}}} \tag{4.35}$$

$$I_2 = \frac{\mathrm{WD_{GWtotal}}}{C_{\mathrm{GW}}} \tag{4.36}$$

$$I_3 = \frac{\mathrm{RT_{SWtotal}}}{C_{\mathrm{SW}}} \tag{4.37}$$

$$I_4 = \frac{\mathrm{RT_{GWtotal}}}{C_{\mathrm{GW}}} \tag{4.38}$$

式中，I_n 为指标 n，$n=1$，…，4；$\mathrm{WD_{SWtotal}}$ 为地表水引水总量；C_{SW} 为地表水总输入量；$\mathrm{WD_{GW\,total}}$ 为地下水取水总量；C_{GW} 为地下水补给总量；$\mathrm{RT_{SWtotal}}$ 为地表水回归水量；$\mathrm{RT_{GWtotal}}$ 为地下水回归水量。

表 4.10　水量指标及与其对应水量间的关系

指标 1		指标 2	
范围	含义	范围	含义
1＞0.8	地表水资源非常紧缺	＞1.49	地下水严重超采
0.4～0.8	地表水资源比较紧缺	1.20～1.49	地下水超采
0.2～0.4	地表水资源有些紧缺	0.80～1.20	地下水采补平衡
＜0.2	地表水资源不紧缺	＜0.80	地下水不超采

表 4.11　水质指标及与其对应水质间的关系

指标 3		指标 4	
范围	含义	范围	含义
＞0.2	地表水水质压力很大	＞0.8	地下水水质压力很大
0.1～0.2	地表水水质压力较大	0.4～0.8	地下水水质压力较大
0.05～0.1	地表水水质有些压力	0.2～0.4	地下水水质有些压力
＜0.05	地表水水质压力不大	＜0.2	地下水水质压力不大

由表 4.12 可看出，在现状及未来情景模拟下指标 1 值范围为 0.2～0.5，反映地表水资源有些紧缺；现状年指标 2 值都大于 1.49，表明现状地下水严重超采，而未来情景在采用降低灌溉满足率、调整种植结构地下水超采得以改善，在利用区外水源情况下地下水达到采补平衡状态；若不考虑利用区外水源，指标 3 值范围为 0.6～0.9，表明地表水

水质压力很大；指标 4 值范围在 0.2～0.6，其中情景 1～3 为 0.4～0.6，水质压力较大，而其他情景的地下水质有些压力。模型模拟结果能很好反映大兴区实际情况，即降水少致使干旱缺水，地表及地下水资源缺水形势比较严峻。不同情景设定对比分析表明，提高用水管理水平及采用先进节水灌溉技术在一定程度上能缓解区域水资源紧缺压力，特别是采用亏缺灌溉技术及种植结构调整对缓解区域水资源紧缺的贡献较大。另外，模型分析表明，提高灌溉用水管理水平或适度利用区外水源不仅减轻大兴水资源紧缺状况，而且对于降低地表水及地下水污染的风险也起到重要作用。

表 4.12　大兴区用水状况指标值

指标	2004 年	2005 年	SC1	SC2	SC3	SC4	SC5	SC6	SC7	SC8
指标 1	0.20	0.27	0.50	0.42	0.49	0.31	0.35	0.29	0.18	0.18
指标 2	1.58	2.74	2.14	2.16	2.64	1.45	1.77	1.39	0.96	0.86
指标 3	0.63	0.87	0.90	0.90	0.90	0.89	0.89	0.89	0.42	0.27
指标 4	0.39	0.59	0.63	0.43	0.53	0.29	0.30	0.26	0.19	0.16

第四节　典型示范区灌溉用水管理与评价

灌溉是改善不利自然条件对农业生产影响，提高农业抗御自然灾害能力，为各项先进农业技术应用提供基础条件的措施，能显著促进农业增产增效。在全国耕地面积中，灌溉面积所占比例不足 40%，但其生产的粮食却占全国粮食总产量的 75%左右。可见，灌溉是我国农业及农村经济发展的基础。从全国范围来看，农业灌溉用水占总用水量的 65%，当前水资源农转非趋势明显，面对严峻的水资源短缺形势，如何解决农业水资源短缺问题已引起了国际社会的广泛关注。解决农业水资源短缺的传统方式多注重工程与技术手段，而忽视灌溉过程中的管理。灌溉管理的改进是农业节水中的重要环节，国际上公认农业节水潜力的 50%在管理方面。所以抓好灌溉管理，对于缓解农业水资源短缺具有重要现实意义。目前，北京地区灌溉水有效利用系数在 0.7 左右，而国外发达国家早已达 0.8 以上，表明北京市灌溉水有效利用系数仍有一定发展空间，鉴于当前水资源紧缺的形势，亟待寻求积极有效灌溉管理模式，推动水管理由过去的粗放型走向科学化。

本节所涉及的灌溉管理是仅限定于提高灌溉用水效率及调整灌溉满足率对减少灌溉用水量、减少农业耗水量及抬升区域地下水位的作用，衡量农业节水效果不是简单仅以减少灌溉用水量为标准，而把减少农业耗水量及提升地下水位也作为一项重要指标。一方面，利用已率定及验证后水平衡模型，依据现状农业灌溉管理水平，并结合历史降水情况，通过分析区域地下水位对降水及耗水变化的响应规律，探求维持区域地下水位不变时所对应降水及耗水状况，以此为基础探索区域水资源承载力；另一方面，选择调整灌溉水利用系数及灌溉满足率，研究在该条件下灌溉用水量、农业耗水量及区域地下水位变化规律，以期所获的研究成果对井灌区灌溉管理提供有益借鉴。

一、基于 CPSP 模型的灌溉水管理评价

（一）区域地下水位与降水及蒸散的关系

探讨区域地下水位对降水及耗水的响应规律，对于水资源短缺区域供水及用水安全性具有重要意义。本书利用经率定和验证后的水平衡模型，采用 1976～2005 年的气象数据作为模型输入数据，在农业灌溉用水效率、工业及居民生活用水维持现状年不变的情况下研究区域地下水位、降水及 ET 之间的关系。

图 4.24(a)为不同降水条件下耗水与降水比值，大多年份内区域耗水量大于降水量，特别是在降水偏枯年份的年耗水量甚至达同期年降水量的 1.6 倍以上。因降水不足使区域土壤水分入不敷出，势必长期过量开采地下水以满足作物耗水需求，这也是造成该区域地下水连年下降的主因。图 4.24（b）为不同降水条件下耗水的变化规律，研究表明近 30 年大兴区降水量最大为 685mm，最小值为 303mm，在 303～670mm，耗水随降水增加有增加趋势；当降水量为 670mm，耗水量达到最大，如降水量仍持续增加，区域耗水变化减缓并呈下降趋势。

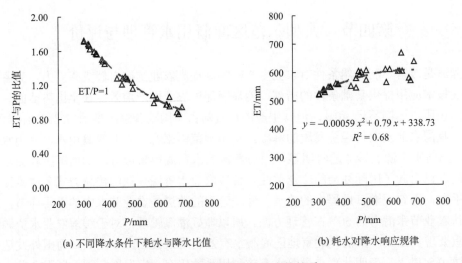

(a) 不同降水条件下耗水与降水比值　　　　　　　(b) 耗水对降水响应规律

图 4.24　大兴区耗水与降水的关系

地下水位变幅与降水及耗水的关系见图 4.25，耗水及降水分别与区域地下水位变幅呈二次曲线关系，而二者差值与地下水位变幅线性相关。年耗水量、年降水量及二者间差值分别与区域地下水位统计关系模型见表 4.14，大兴区年降水与区域地下水位变幅间决定系数为 0.94，而大兴区年耗水量与区域地下水位变幅间决定系数为 0.59。可见，在现状工业及居民生活用水和现状土地利用下，年降水量与区域地下水位变幅间相关性高，而年耗水量与区域地下水位变幅相关性稍差。在大兴区作物需耗水主要由降水和以开采地下水灌溉供给为主。在降水偏枯年份，降水供给减少，而相应的灌溉供给量增多，农业灌溉用水量增大加剧了地下水位下降，而农作物耗水因灌溉用水的补充下降不明显；在丰水年降水供给增多使灌溉用水量减少，同时降水对地下水补给增多，二者的叠加作

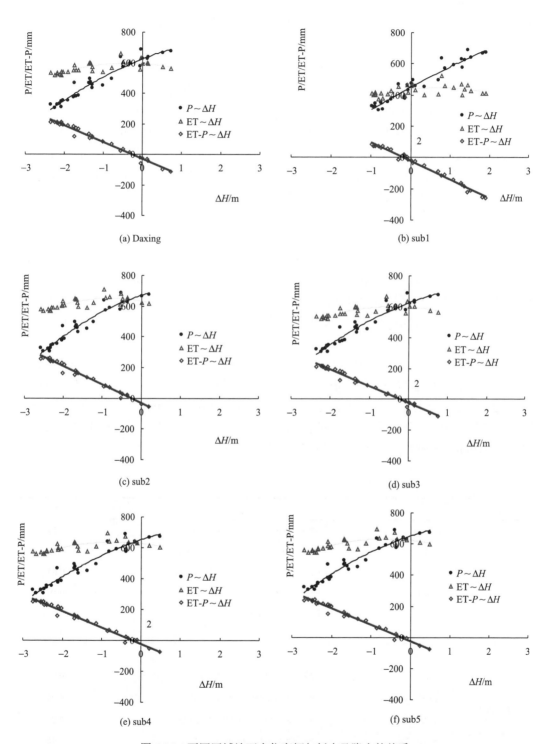

图 4.25 不同区域地下水位变幅与耗水及降水的关系

用使地下水位上升或下降幅度减缓。全区地下水位变幅为零的年份降水量和耗水量分别为 623.04mm、592.15mm；通过对地下水位与耗水和降水间的差值进行回归分析，得到区域地下水位变幅为零时年耗水与年降水存在如下函数关系：

$$ET = P-30.99 \quad 当 \Delta H = 0 时 \tag{4.39}$$

地下水位变幅与降水及耗水的关系因各子区土地利用不同表现一定差异，使区域地下水位变幅为零，对于 Sub1 子区所需的降水量为 450.04mm，对应的耗水量为 435.27mm；对于 Sub2 子区所需的降水量为 669.63mm，对应的耗水量为 632.46mm；对于 Sub3 子区所需的降水量为 623.68mm，对应的耗水量为 595.85mm；对于 Sub4 所需的降水量为 649.97mm，对应的耗水量为 624.99mm；对于 Sub5 所需的降水量为 650.11mm，对应的耗水量为 621.93mm。一方面，由各子区地下水位变幅与降水及地下水的关系分析表明，区域耗水及地下水位变幅不仅与降水条件，而且与区域内土地利用类型存在较为密切的关系，区域范围内农业用地所占比例大，区域单位面积耗水量大，农业灌溉用水量增多，地下水超采形势也更严峻；另一方面，区域范围内城镇居民地所占比例大，区域单位面积总耗水量减少，降水对地下水补给增多，同时灌溉用水量降低，区域地下水位超采不明显如 sub1。要实现区域社会经济的持续发展，必须注意适度利用地下水资源。与城镇居民地相比，农业用地耗水较大，如何调整土地利用方式和作物种植结构，使地下水的开采量减少显得尤为迫切。

根据区域水量平衡方程，耗水与降水差值即反映了河道出流量与地下水蓄变量状况。由表 4.13 中区域耗水与降水间差值与区域地下水位变幅回归关系模型知，保持区域地下水位变幅为零时降水量应大于耗水量，此时河道出流量为 30.99mm。战略 4 中不考虑利用其他区外水源情况下，要保持区域水资源持续利用，在北京市大兴区耗水量要大于降水量近 31mm，该研究结论与本书结论一致（图 4.25）。

表 4.13　不同区域地下水位变幅与耗水及降水的回归方程

变量	分区	回归方程	R^2
$ET \sim \Delta H$	Daxing	$ET = -21.95\Delta H2 - 17.03\Delta H + 592.15$	0.59
	Sub1	$ET = -19.43\Delta H2 + 27.92\Delta H + 435.27$	0.32
	Sub2	$ET = -28.28\Delta H2 - 44.28\Delta H + 632.46$	0.65
	Sub3	$ET = -21.94\Delta H2 - 16.53\Delta H + 595.85$	0.59
	Sub4	$ET = -19.72\Delta H2 - 26.63\Delta H + 624.99$	0.59
	Sub5	$ET = -21.86\Delta H2 - 27.05\Delta H + 621.93$	0.62
$P \sim \Delta H$	Daxing	$P = -18.16\Delta H2 + 99.18\Delta H + 623.04$	0.94
	Sub1	$P = -8.52\Delta H2 + 139.80\Delta H + 450.04$	0.94
	Sub2	$P = -25.75\Delta H2 + 82.20\Delta H + 669.63$	0.94
	Sub3	$P = -18.87\Delta H2 + 97.77\Delta H + 623.68$	0.94
	Sub4	$P = -17.06\Delta H2 + 85.20\Delta H + 649.97$	0.94
	Sub5	$P = -19.33\Delta H2 + 83.69\Delta H + 650.11$	0.94

续表

变量	分区	回归方程	R^2
	Daxing	ET−P= −109.16ΔH−30.99	0.98
	Sub1	ET−P= −119.87ΔH−22.74	0.99
	Sub2	ET−P= −119.90ΔH−34.69	0.98
ET−P∼△H	Sub3	ET−P= −108.62ΔH−27.94	0.98
	Sub4	ET−P= −105.13ΔH−23.29	0.98
	Sub5	ET−P= −104.52ΔH−26.65	0.98

（二）各水管理措施对区域灌溉用水、农业耗水及地下水位动态的影响

选择经率定和验证后的水平衡模型为技术支持，采用各频率年降水量及 1976～2005年的气象数据均值作为模型输入数据，在其他因素维持不变的情况下分别通过调整灌溉满足率（非充分灌溉）及灌溉水利用系数的大小研究农业灌溉用水、农业耗水及区域地下水位的变化规律，其中灌溉满足率由 1.0 降低到 0.0；而地下水灌溉水利用效率由 0.60 提高到 0.95。

1. 典型年

对大兴区 1976～2005 年降水量进行频率分析，先按矩法计算年降水量的统计参数，如多年平均降水量（$\overline{P}$）、变差系数（Cv）和离差系数（Cs）等，再以适线法确定采用值，其中理论频率曲线选用皮尔逊Ⅲ分布，适线法以中等和较小降水量点据拟合较好为原则，配线结果如图 4.26 所示。大兴区多年平均降水量为 471.98mm，变差系数 Cv=0.31，

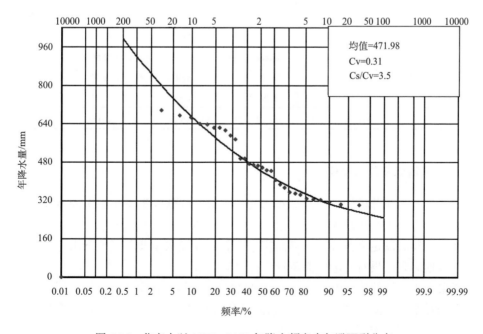

图 4.26　北京大兴 1976～2005 年降水频率皮尔逊Ⅲ型分布

离差系数 Cs=1.09，得到不同频率下年降水量见表 4.14。由于采用矩法计算获得初始 Cv 为 0.27 大于 0，表明年降水量大于年均值比小于年均值出现的机会小，亦即在大兴区 50% 以上的年份降水量不能达到多年平均值。

表 4.14 不同频率下年降水量

频率/%	25	50	75	90
年降水量/mm	551.29	446.03	364.60	309.52

根据不同频率下的年降水量，选择与其降水量接近的 3 年数据，依据该 3 年降水月分配比例系数均值确定各频率下降水的月际分布如表 4.15。各频率年内降水峰值主要分布在 7～8 月，而多年平均耗水年内主要集中在 4～10 月，年内月际间降水与耗水吻合性较差，二者时空不匹配也加剧该区域水资源短缺趋势。

表 4.15 不同频率下降水量年内分布 （单位：mm）

月份	多年平均	25%	50%	75%	90%
1 月	1.80	0.74	2.87	1.83	2.85
2 月	2.61	5.96	0.00	8.68	0.32
3 月	4.74	6.56	0.54	0.76	4.38
4 月	26.44	18.40	23.10	18.66	10.29
5 月	26.28	33.91	24.62	31.92	22.40
6 月	69.69	78.26	59.19	48.87	22.79
7 月	142.99	225.18	89.56	158.90	124.65
8 月	131.67	111.47	188.67	53.72	76.40
9 月	37.93	42.13	49.01	36.90	16.00
10 月	20.33	17.68	6.39	2.86	14.02
11 月	6.39	9.70	1.50	1.46	14.35
12 月	1.11	1.29	0.61	0.03	1.08
年降水量	471.98	551.29	446.03	364.60	309.52

2. 水管理指标及其敏感性

根据区域水平衡分析知，提高灌溉水利用系数及降低灌溉满足率对灌溉用水量、农业耗水及区域地下水影响较大，同时根据 CPSP 模型特点，本节分别选择提高灌溉水利用系数及降低灌溉满足率条件下对灌溉用水量、农业耗水量及区域地下水位动态进行深入研究，以期研究成果对井灌区灌溉管理提供有益借鉴。

本书采用相对敏感度（RD）来评价农业灌溉用水量、农业耗水量及区域地下水位对调整灌溉满足率和灌溉水利用系数的敏感程度，相对敏感度越大，则响应变量对该指标的敏感性越强。相对敏感度计算公式如下：

$$RD = \frac{|Y_{i+1} - Y_i|}{Y} \bigg/ \frac{|X_{i+1} - X_i|}{X} \qquad (4.40)$$

式中，X_{i+1}，X_i 分别为第 $i+1$ 和 i 个设定水平下指标的取值；Y_{i+1}，Y_i 分别为相应指标值 X_{i+1}，X_i 由 CPSP 模型模拟得到的响应变量值。当分析灌溉满足率的敏感性时，灌溉满足率指标 X 取为 1.0，而 Y 为灌溉满足率取 1.0 时模型模拟所得响应变量值；当分析灌溉水利用系数的敏感性时，灌溉水利用系数指标 X 取值为 0.6，而对应 Y 为灌溉水利用系数取 0.6 时模型模拟所得响应变量值，各指标对应取值水平见表 4.16。

表 4.16 各指标对应取值水平表

指标名称	取值范围	各水平取值
灌溉满足率	0.0~1.0	0.0，1.0，2.0，3.0，4.0，5.0，6.0，7.0，8.0，9.0，1.0
灌溉水利用系数	0.60~0.90	0.60，0.65，0.70，0.75，0.80，0.85，0.90

3. 灌溉满足率影响分析

亏缺灌溉，即非充分灌溉，是作物实际腾发量小于潜在腾发量的灌溉（赵永等，2004；丁日升等，2006），始于 20 世纪 60 年代末，基于水资源短缺及灌溉水利用系数较低的现实，美国学者由传统丰产灌溉试验研究转向劣态或亚劣态灌溉试验研究；而我国学者于 70 年代开展了管灌减水方面研究工作（陈玉民等，2001）。亏缺灌溉不以单产最高为目标，而在于使有限的灌溉水资源获得最大的农业经济效益，一般是追求水分生产率最大化，其理论基础在于作物缺水后存在一个"适应"到"伤害"的过程，不超过适应范围内的缺水，在复水后作物自身在生理上、水分利用及生长上具有补偿作用，适度缺水不一定降低产量，反而能提高作物水分利用率，甚至在一定程度上改善作物品质（山仑，2003）。当前亏缺灌溉研究多集中于田间尺度上亏缺灌溉条件下作物水分生产率及产量的变化规律探讨，由于研究手段限制而对于大区域尺度下考虑亏缺灌溉对灌溉用水、农业耗水及区域地下水位方面研究不多见。灌溉满足率反映满足农作物用水需求的可靠程度，其数值大小主要取决于灌区农业水资源对农业用水的保证作用及天然降水对作物需水量的满足程度（罗高荣，1991）。由于水资源日益短缺，特别是对于地下水严重超采的海河流域，降低灌溉满足率对灌溉用水影响程度已引起相关学者关注，研究表明灌溉满足率对灌溉用水量影响较大，在实际生产中应结合当地水资源实际注意适当调整。然而，调整灌溉满足率对区域农业耗水及区域地下水位影响方面，目前还未引起广大学者关注。鉴于此，本书根据 CPSP 模型结构特点，通过调整土壤灌溉满足率大小，探讨了非充分灌溉下农业灌溉用水、农业耗水及区域地下水位的响应机制。

降低灌溉满足率，能减少灌溉用水量，并能降低农田腾发量，使农业耗水量减少，使区域地下水位提升。针对与大兴区类似的资源型缺水区域，提高灌溉满足率需考虑区域水资源承载力实际。若盲目扩大灌溉面积，使灌溉用水量增加，势必会导致区域耗水急剧增加，最终造成地下水过度超采。在维持灌溉水利用系数为 0.75 不变的情况下，对调整灌溉满足率下水循环进行模拟分析见图 4.27。若使灌溉满足率降低 0.1，不同水文年水循环各分量变化规律见表4.17。研究表明，在不同降水频率条件下，降低灌溉满足率对水循环的影响程度表现一定差异，与丰水年相比调整灌溉满足率对枯水年区域水循环各分量影响程度更为显著。当灌溉满足率降低0.1，与25%频率年相比在90%频率年下农业灌溉用水量相对减少量为0.186亿m^3，农业耗水量相对减少量0.145亿m^3，地下水位相对提升了0.141m。由此可见，在枯水年适度降低灌溉满足率，并根据区域农作物对缺水的适应程度，合理采用相应的非充分灌溉技术能在一定程度上大幅度减少农业耗水量，避免地下水过度开采，促进区域水循环向良性发展，对于缓解区域水资源短缺的形势具有重要的现实意义。导致上述现象的原因在于枯水年降水量较少，农作物耗需水对灌溉供水依赖性增强，灌溉取用水量需求加大；而研究区域属资源型缺水区域，灌溉用水主要来自于地下水开采量，若提高灌溉满足率则一方面，农作物灌溉耗水量增加使农业耗水量增大，另一方面因降水减少对地下水补给量减少，二者共同作用更进一步加剧了区域地下水资源紧缺压

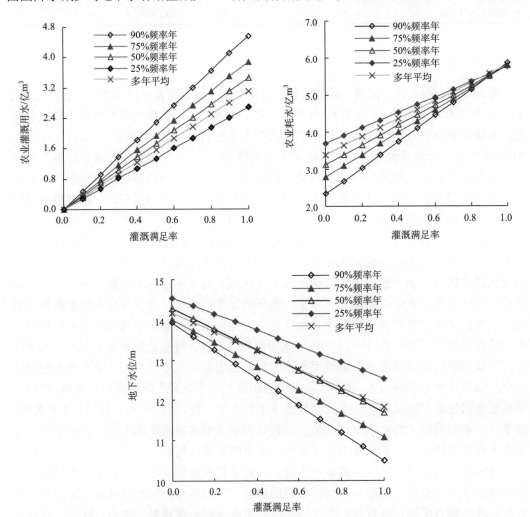

图4.27 灌溉满足率对农业灌溉用水、农业耗水及地下水位的影响

力。如果维持灌溉满足率不变，因年降水量减少使农作物降水 ET 降低，致农业耗水稍下降；而灌溉耗水需求增加使灌溉取用地下水增大，造成区域地下水位下降。

表 4.17　灌溉满足率对水循环各分量的影响

水文年	90%频率年	75%频率年	50%频率年	25%频率年	多年平均
农业灌溉用水减少量/亿 m³	0.455	0.388	0.344	0.267	0.311
农业耗水减少量/亿 m³	0.353	0.301	0.267	0.208	0.241
区域地下水位提升/m	0.342	0.291	0.258	0.201	0.234

注：灌溉满足率 IG 由 0.0 提高到 1.0。

各分量变化量计算公式如下：

$$\Delta \overline{W} = \left(\frac{W_{1.0} - W_{0.0}}{1.0 - 0.0} \right) / 10 = \left(W_{1.0} - W_{0.0} \right) / 10 \tag{4.41}$$

4. 灌溉水利用系数影响分析

各频率年不同灌溉水利用系数下农业灌溉用水、农业耗水及地下水位的变化如图 4.28 所示，提高灌溉水利用系数，农业灌溉用水量减少，农业耗水量降低，同时地下水位稍有提升。在维持地下水灌溉满足率为 0.8 的情况下，灌溉水利用系数为 0.60～0.95，若灌溉水利用系数提高 0.1，不同频率年水循环各分量变化见表 4.19。不同年降水条件下，灌溉水利用系数改变对水循环各分量影响表现一定差异。与丰水年相比，在枯水年调整灌溉水利用系数对水循环各分量作用更大，如灌溉水利用系数提高 0.10，与 25%频率年相比在 90%频率年农业灌溉用水量相对减少量为 0.132 亿 m³，农业耗水量相对减少量为 0.014 亿 m³，地下水位相对提升了 0.013m。

综上所述，提高灌溉水利用系数，灌溉用水量降低明显，而对农业耗水量减少及区域地下水位的提升作用不明显。提高灌溉水利用系数，大大减少输水过程渠道渗漏水损失量，在灌溉满足率一定的条件下灌溉用水量就会相应减少，但随着灌溉水利用系数增大对减少灌溉取水量作用呈减弱趋势；提高灌溉水利用系数，不影响田间作物腾发量，只是在一定程度上减少输水过程中无效蒸发损失，该损失量与渗漏损失相比可忽略，所以提高灌溉水利用系数对农业耗水减少贡献不大；对于研究区域地下水补给源主要有两方面，即降水补给和渗漏水补给，而灌溉是地下水下降的主因，提高灌溉水利用系数减少灌溉取水量，但同时也减少渗漏损失对地下水的补给，二者共同作用提高灌溉用水率对缓解区域地下水紧缺形势作用不大（表 4.18、图 4.29）。

表 4.18　灌溉水利用系数对水循环各分量的影响

水文年	90%频率年	75%频率年	50%频率年	25%频率年	多年平均
农业灌溉用水减少量/亿 m³	0.355	0.303	0.273	0.223	0.251
农业耗水减少量/亿 m³	0.037	0.031	0.028	0.023	0.026
区域地下水位提升/m	0.037	0.032	0.028	0.024	0.027

注：灌溉水利用系数 WUE 由 0.60 提高到 0.95。

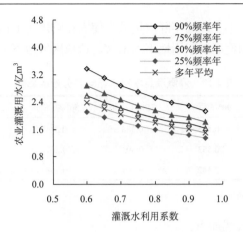

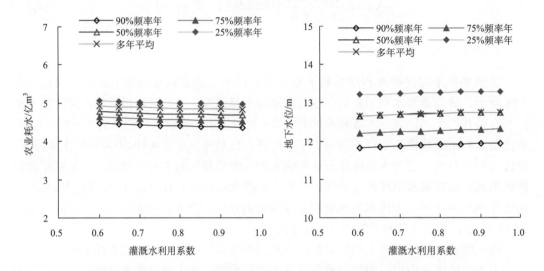

图 4.28　灌溉水利用系数对灌溉用水、农业耗水及地下水位的影响

各分量变化量计算公式如下：

$$\Delta \overline{W} = \left(\frac{W_{0.95} - W_{0.60}}{0.95 - 0.60}\right)/10 = \left(W_{0.95} - W_{0.60}\right)/3.5 \qquad (4.42)$$

本书考虑两种农业水分管理方式下区域水平衡各分量响应机制，一是维持灌溉水利用系数不变调整灌溉满足率，二是维持灌溉满足率不变改变灌溉水利用系数。不同水管理模式对各频率年下灌溉用水、农业耗水及区域地下水位的影响见图 4.29，不同降水频率年灌溉满足率降低 0.1 与灌溉水利用系数提高 0.1 对减少灌溉用水量都具有显著作用，其中降低灌溉满足率对减少灌溉用水量的作用稍大；而与灌溉满足率降低 0.1 相比，提高 0.1 的灌溉水利用系数对减少农业耗水量及提升区域地下水位的作用很小。

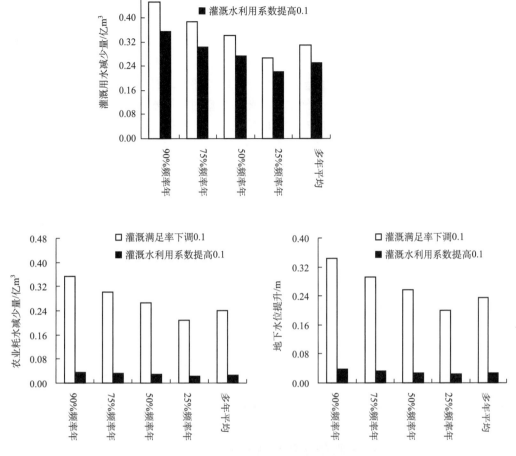

图 4.29　不同水管理模戈对各频率年下灌溉用水，农业耗水及区域地下水位的影响

通过对在该两种农业水管理模式下农业灌用水、农业耗水及区域地下水位三者间变化规律进行比较分析表明，农业耗水量变化与区域地下水位动态间存在密切关系，在调整灌溉满足率和改变灌溉水利用系数条件下农业耗水每增加 0.01 亿 m^3，区域地下水位分别下降 9.70mm、10.40mm，二者间差异不大；与调整灌溉满足率相比，改变灌溉水利用系数情况下单位农业灌溉取水量对农业耗水及区域地下水位影响不明显，如在调整灌溉满足率下农业灌溉取水量每增加 0.01 亿 m^3，区域耗水将平均增加 0.0091 亿 m^3，区域地下水位平均下降 8.80mm，分别是在改变灌溉水利用系数条件下增加等同农业灌溉取水量所致区域农业耗水及区域地下水位变化的 9.1 倍及 7.6 倍。

由此可见，无论采取何种用水管理方式，区域水资源配置状况如何应最终体现在耗水改变，即区域耗水才是水资源最终配置。以往按照水资源供需平衡理论来配置区域水资源，一方面，由于对区域耗水承载力缺乏具体分析，虽在农业生产上通过工程措施提高了水的利用率，并利用工程性节水量进一步扩大节水灌溉面积，短期内粮食产量得以提高；一方面由于对区域耗水缺乏监管，盲目扩大节水灌溉面积使区域耗水总量急剧增加，导致了水资源过度开发，造成地下水位持续下降，最终破坏了生态平衡，导致区域生态环境进一步恶化。另一方面，由于在实际生产中节水灌溉面积不断扩大，而生态环境状况并未得以好转，由此也引起人们对节水灌溉技术应用的误解。事实上，区域生态环境恶化原因主要源于区域总耗水大大超出当地现阶段区域水平衡和经济可持续发展需求相适应的目标 ET。所以要实现农业增产增收，必须以维护生态平衡为前提，特别是在资源型缺水区域，农业耗水不能超越当地的区域 ET 定额，这样才能保证农业持续发展。

表 4.19 给出了多年平均降水条件下水平衡各分量对不同水管理方式的最大相对敏感度，以及相应的水管理方式所对应参数的取值范围。分析表明，与调整灌溉水利用系数相比，调整灌溉满足率对水平衡各分量影响较大。随着灌溉满足率下降，灌溉用水量及农业耗水量减少，区域地下水位抬升；在灌溉满足率的取值范围内，水平衡各分量对其变化都比较敏感。随着灌溉水利用系数的提高，灌溉用水量及农业耗水量减少，区域地下水位抬升；而水平衡各分量随着灌溉水利用系数取值增大，其相对敏感度呈下降趋势，其取值敏感范围为 0.60~0.65。另外，通过比较农业耗水及区域地下水位对不同水管理方式的敏感性发现，农业耗水量及区域地下水位对灌溉满足率的敏感性较大，而对灌溉水利用系数的敏感性非常小。

表 4.19　多年平均降水条件下水平衡各分量对各水管理方式的最大相对敏感度

水管理方式	灌溉用水量		农业耗水量		区域地下水位	
	最大敏感度	最敏感范围	最大敏感度	最敏感范围	最大敏感度	最敏感范围
调整灌溉满足率	1.0	0~1.0	0.41	0~1.0	0.2	0~1.0
调整灌溉水利用系数	0.93	0.60~0.65	0.046	0.60~0.65	0.019	0.60~0.65

二、基于主成分分析的灌溉用水管理评价

（一）指标体系选取

灌溉用水管理评价指标的选取，应体现农业生产高效和区域水资源持续利用的理念，遵循科学性、综合性、可操作性、一致性、可比性、目标性等原则，通过对大量指标的分析与综合，并参考和吸收有关成果经验，结合研究区域实际情况，按照指标属性差异，提出地下水灌区灌溉用水管理评价选取的指标因子包括灌溉用水效率、主要作物水分生产率、区域耗水量、区域用水量、水资源开发利用程度及回归水比率等共 6 个主体指标，细化为 12 个群体指标。

灌溉用水效率指标细化为灌溉水利用系数（x_1）、灌溉满足率（x_2）及种植结构调整比例（x_3）；主要作物水分生产率指标细分为冬小麦水分生产率[x_4（kg/m^{-3}）]、夏玉米水分生产率[x_5（kg/m^{-3}）]；区域耗水量指标以区域农业综合 ET（x_6/mm）来表示；区域用水量指标细化为灌溉用水量（x_7/mm）及地下水净开采量（x_8/mm）；水资源开发利用程度指标细化为地表水开发利用程度即地表水引水总量/地表水总输入量（x_9）及地下水开发利用程度即地下水取水总量/地下水补给总量（x_{10}）；回归水比率指标细化为地表水水质指标即地表水回归水总量/地表水总输入量（x_{11}）及地下水水质指标即地下水回归水

总量/地下水补给总量（x_{12}）。

该 12 个指标基本上反映了灌溉用水管理对主要作物产量及区域水资源影响状况，其中灌溉用水效率及主要作物水分生产率反映了灌溉用水管理水平及作物生长发育状况；而区域耗水量、区域用水量、水资源开发程度及回归水比率是反映灌溉用水管理对区域水资源循环利用的主要指标。

（二）评价指标间相关分析

评价指标有"效益型"和"成本型"两大类，"效益型"指标是指属性值越大越好的指标，"成本型"指标是指属性值越小越好的指标。可见，灌溉用水管理评价所选用的 14 个指标中除冬小麦水分生产率、夏玉米水分生产率及灌溉水利用系数属于效益型指标外，其他指标均属于成本型指标。为了利用所构建的指标体系进行灌溉用水管理的综合评价，并确保评价结果合理性，需对冬小麦水分生产率、夏玉米水分生产率及灌溉水利用系数进行同趋势化变换，变换方法如下：

$$x_{ij}^{'} = \max_{1 \leqslant i \leqslant n} \left(x_{ij} \right) - x_{ij} \tag{4.43}$$

在同趋势化变换的基础上，对各指标进行简单统计分析（以大兴区为例），结果见表 4.20。

表 4.20　灌溉用水管理评价指标的简单统计值（以大兴区为例）

指标	x_1	x_2	x_3	x_4	x_5	x_6	x_7	x_8	x_9	x_{10}	x_{11}	x_{12}
平均值	0.18	0.67	0.19	0.06	0.09	437.67	132.72	87.16	0.32	1.76	0.76	0.38
标准差	0.08	0.20	0.40	0.02	0.02	61.77	74.27	79.51	0.12	0.64	0.23	0.17

各指标的相关性结果见表 4.21，各灌溉用水管理指标都有不同程度的相关性。灌溉满足率与夏玉米水分生产率、区域农业综合 ET 及灌溉用水量呈极显著相关；夏玉米水分生产率与区域农业综合 ET、灌溉用水量呈极显著相关，而与地下水净开采量呈显著相关；区域农业综合 ET 与灌溉用水量呈极显著相关，而与地下水净开采量、地表水引水总量/地表水总输入量呈显著相关；灌溉用水量与地下水净开采量、地下水回归水总量/地下水补给总量呈显著相关；地下水净开采量与地表水引水总量/地表水总输入量、地下水取水总量/地下水补给总量及地下水回归水总量/地下水补给总量呈极显著相关，而与地表水回归水总量/地表水总输入量呈显著相关；地表水引水总量/地表水总输入量与地下水取水总量/地下水补给总量、地表水回归水总量/地表水总输入量及地下水回归水总量/地下水补给总量呈显著相关；地下水取水总量/地下水补给总量与地表水回归水总量/地表水总输入量呈显著相关，而与地下水回归水总量/地下水补给总量呈极显著相关。部分指标相关性较高，一方面原因是研究区为地下水灌区且资源性缺水属性决定的；另一方面原因在于各情景方案中区域水平衡模拟采用 CPSP 模型，模型计算原理及边界条件设置会使部分指标的相关性受到一定程度影响。

表 4.21　灌溉用水管理评价指标的相关系数（以大兴区为例）

指标	x_1	x_2	x_3	x_4	x_5	x_6	x_7	x_8	x_9	x_{10}	x_{11}
x_1	1.00										
x_2	0.28	1.00									
x_3	−0.37	−0.25	1.00								
x_4	−0.56	−0.25	0.59	1.00							
x_5	−0.23	−0.89**	0.42	0.21	1.00						
x_6	0.08	0.92**	−0.26	−0.05	−0.97**	1.00					
x_7	0.36	0.91**	−0.49	−0.28	−0.98**	0.94**	1.00				
x_8	0.22	0.63	−0.15	0.07	−0.68*	0.67*	0.71*	1.00			
x_9	−0.06	0.47	−0.00	0.21	−0.62	0.66*	0.58	0.85**	1.00		
x_{10}	0.29	0.58	−0.15	−0.04	−0.63	0.57	0.66*	0.95**	0.70*	1.00	
x_{11}	−0.01	0.10	0.31	0.31	−0.12	0.15	0.13	0.75*	0.74*	0.72*	1.00
x_{12}	0.57	0.54	−0.32	−0.21	−0.66	0.55	0.71*	0.90**	0.69*	0.91**	0.62

注：$**p<0.01$；$*p<0.05$。

（三）灌溉用水管理评价结果

通过对灌溉用水管理指标进行相关性分析表明，部分指标彼此间呈显著相关，甚至达到极显著相关，所以各指标间存在信息重叠问题，依据该指标体系进行综合评价具有一定难度，评价方法选择不合理，易导致不合理结论。可见，为做好灌溉用水管理评价工作，选取一种有效而又实用的方法是非常重要的。主成分分析法是一种高维综合评价方法，通过对原有指标进行线性变换和舍弃一部分信息，将高维变量系统进行最佳综合和简化，克服了模糊综合评判方法的缺陷，同时客观地给出各个指标的权重，避免主观的随意性，较好地解决建立指标体系全面性与独立性的矛盾（袁伟等等，2008）。而综合评价的核心就是将一个多目标问题单目标化，主成分分析法可在信息丢失最少的前提下达到该目的（鲍卫锋等，2007），将原始指标集所载信息浓缩转移至各个主成分中，并对所确定主成分进行一定的线性组合，以构造出综合主成分，而后以各评价对象在综合主成分上得分的大小排出优劣次序，达到综合评价的目的。本节将采用主成分分析法对现状及各情景方案下灌溉用水管理效果进行综合评价。

计算过程中，先采用 Z-score 法（陆琦等，2005）对同趋化变换后的指标进行标准化处理，根据标准化处理后的指标值，计算各指标的协方差及相关系数矩阵。分析相关系数矩阵计算特征值以及各个主成分的贡献率和累计贡献率（表 4.22）可知，主成分 F_1、F_2 和 F_3 的累计贡献率已高达 89%，所以可取前 3 个特征值所对应的主成分分量，同时前三项指标已包含了原始指标的大部分信息，信息损失量仅为 11%。

因子载荷能反映各指标对主成分贡献的大小，经过对 12 个指标变量分析处理得到前 3 个主成分中因子载荷量如表 4.24 所示。由表 4.24 可以看出，第一主成分主要综合了灌溉满足率、夏玉米水分生产率、区域农业综合 ET、灌溉用水量、地下水净开采量、地表

表 4.22 特征值与累计贡献率

主成分	特征值	方差贡献率/%	方差累计贡献率/%
1	6.66	55.46	55.46
2	2.56	21.34	76.80
3	1.46	12.16	88.96
4	0.64	5.30	94.26
5	0.32	2.68	96.95
6	0.25	2.10	99.04
7	0.09	0.71	99.76
8	0.03	0.24	99.99
9	0.00	0.01	100.00
10	0.00	0.00	100.00
11	0.00	0.00	100.00
12	0.00	0.00	100.00

水引水总量/地表水总输入量、地下水取水总量/地下水补给总量及地下水回归水总量/地下水补给总量等 8 个指标变异的信息，该 8 个指标的方差在第一主成分上的载荷（各数值是因子载荷矩阵上对应元素的平方）依次为 0.682、0.847、0.726、0.848、0.844、0.588、0.761、0.810，都超过 50%以上，该 8 个指标主要与水资源开发消耗及地下水回归比率有关；第二主成分主要综合了冬小麦水分生产率、夏玉米水分生产率、地表水回归水总量/地表水输入总量等 3 个指标变异的信息，该 3 个指标的方差在第二主成分上的载荷分别为 0.541、0.619、0.549，该 3 个指标主要体现了冬小麦水分生产率、夏玉米水分生产率及地表水水质变化情况；第三个主成分主要综合了灌溉水利用系数的变异信息，灌溉水利用系数在第三主成分上的载荷为 0.303。由表 4.23 知，第一主成分中 Zx_2、Zx_6、Zx_7、Zx_8、Zx_9、Zx_{10}、Zx_{11} 及 Zx_{12} 的系数均为正值，说明第一主成分越大，评价对象的水资源开发及消耗越大，地下水遭受的潜在污染威胁越大；第二主成分中 Zx_3、Zx_4 及 Zx_{11} 的系数均为正值，说明第二主成分越大，评价对象的冬小麦及夏玉米水分利用率越小，而其区域地表水水质越差；第三主成分中 Zx_1 的系数为正值，说明第三主成分越大，区域灌溉水利用效率越低。

表 4.23 相关阵的特征向量与因子载荷

指标变量	特征向量			因子载荷		
	F_1	F_2	F_3	F_1	F_2	F_3
Zx_1	0.156	−0.318	0.456	0.401	−0.508	0.551
Zx_2	0.320	−0.132	−0.320	0.826	−0.212	−0.387
Zx_3	−0.131	0.460	−0.107	−0.338	0.735	−0.129
Zx_4	−0.064	0.492	−0.316	−0.166	0.787	−0.382
Zx_5	−0.357	0.150	0.227	−0.921	0.240	0.274

指标变量	特征向量			因子载荷		
	F_1	F_2	F_3	F_1	F_2	F_3
Zx_6	0.330	−0.044	−0.426	0.852	−0.070	−0.515
Zx_7	0.357	−0.178	−0.211	0.921	−0.284	−0.254
Zx_8	0.356	0.202	0.126	0.919	0.323	0.152
Zx_9	0.297	0.303	−0.041	0.767	0.485	−0.050
Zx_{10}	0.338	0.157	0.232	0.872	0.251	0.280
Zx_{11}	0.192	0.463	0.339	0.496	0.741	0.409
Zx_{12}	0.349	0.031	0.338	0.900	0.050	0.408

　　各主成分线性表达式中各指标系数取其特征值对应的正规化单位特征向量，获得前 3 个主成分的计算公式如下：

$$F_1 = 0.156x_1 + 0.320Zx_2 - 0.131Zx_3 - 0.064Zx_4 - 0.357Zx_5 + 0.330Zx_6$$
$$+ 0.357Zx_7 + 0.356Zx_8 + 0.297Zx_9 + 0.338Zx_{10} + 0.192Zx_{11} + 0.349Zx_{12} \tag{4.44}$$

$$F_2 = -0.318Zx_1 - 0.132Zx_2 + 0.460Zx_3 + 0.492Zx_4 + 0.150Zx_5 - 0.044Zx_6$$
$$- 0.178Zx_7 + 0.202Zx_8 + 0.303Zx_9 + 0.157Zx_{10} + 0.463Zx_{11} + 0.031Zx_{12} \tag{4.45}$$

$$F_3 = 0.456Zx_1 - 0.320Zx_2 - 0.107Zx_3 - 0.316Zx_4 + 0.227Zx_5 - 0.426Zx_6$$
$$- 0.211Zx_7 + 0.126Zx_8 - 0.041Zx_9 + 0.232Zx_{10} + 0.339Zx_{11} + 0.338Zx_{12} \tag{4.46}$$

　　依据所选取前 3 个主成分的方差贡献率为权重，构造出灌溉用水管理的综合评价模型 F，F 是主成分 F_1、F_2、F_3 的线性组合，计算公式如下：

$$F = 0.623F_1 + 0.240F_2 + 0.137F_3 \tag{4.47}$$

　　根据综合主成分得分分值（均值为 0.000，标准差为 4.197），利用 Kolmogorov-Smiromov（K-S）正态分布检验概率（Pk-s）对综合主成分得分分值的统计分布进行了非参数检验，检验时取显著性水平 $a=0.05$。若 Pk-$s \geqslant 0.05$，则认为数据服从正态分布。综合评价主成分得分分值正态分布 K-S 检验表明：Pk-$s=0.955 > 0.05$，所以综合主成分得分分值服从正态分布。根据正态分布 N（0，4.197），计算获得 $P=25\%$、$P=50\%$ 及 $P=75\%$ 所对应的综合分值分别为−3.508、−0.423、3.379；在此基础上对综合评价得分情况进行分类，分值从低到高，分为 <-3.508、$-3.508 \sim -0.423$、$-0.423 \sim 3.379$、>3.379 四类，每一类对应的灌溉用水管理水平对应评价为优、良、中、差，各主成分得分分值、综合得分分值、排名及评价情况见表 4.24。

表 4.24　各主成分与综合评价得分

情景	F_1	排名	F_2	排名	F_3	排名	F	评价	排名
2004 年	0.142	5	−2.903	9	0.806	4	−0.498	良	6
2005 年	4.551	3	−1.168	7	2.222	1	2.859	中	3
SC1	7.950	2	−0.592	6	0.938	3	4.939	差	2
SC2	3.979	4	0.407	5	−0.047	6	2.570	中	4

情景	F_1	排名	F_2	排名	F_3	排名	F	评价	排名
SC3	10.759	1	1.674	3	−2.049	9	6.824	差	1
SC4	−5.467	8	0.974	4	1.291	2	−2.995	良	7
SC5	−1.467	6	2.718	2	−0.620	7	−0.347	中	5
SC6	−7.080	9	4.426	1	−0.094	8	−3.362	良	8
SC7	−9.098	10	−1.619	8	0.088	5	−6.045	优	10
SC8	−4.269	7	−3.917	10	−2.536	10	−3.947	优	9

由表 4.25 可看出,按照第一主成分得分分值及排名与综合得分分值及排名非常接近,原因在于第一主成分的方差贡献率为 55%,基本反映了灌溉用水管理对区域耗水及用水的影响;第二主成分的贡献率为 21%,但能够从众多指标被筛选出来,说明冬小麦水分生产率、夏玉米水分生产率及地表水水质也是灌溉用水管理影响一个重要方面;第三主成分的贡献率为 12%,说明区域灌溉用水效率也是反映灌溉用水管理水平的一个重要因素。从各情景的综合得分,可看出不同农业水管理模式对区域用水、耗水及农业产出的作用,灌溉用水管理评价分类及基本情况见表 4.25。

表 4.25　大兴区灌溉用水管理评价分类及基本情况

评价 情景	优		良			中			差	
	SC7	SC8	SC6	SC4	2004	SC5	2005	SC2	SC1	SC3
x_1	0.86	0.86	0.88	0.88	0.68	0.88	0.73	0.87	0.71	0.87
x_2	0.40	0.75	0.40	0.40	0.80	0.75	0.70	0.75	0.75	1.00
x_3	0.00	0.00	0.95	0.00	0.00	0.95	0.00	0.00	0.00	0.00
x_4	1.24	1.25	1.19	1.24	1.25	1.23	1.26	1.25	1.25	1.21
x_5	1.88	1.92	1.88	1.88	1.91	1.90	1.92	1.92	1.94	1.95
x_6	362.79	468.14	379.12	362.74	426.85	436.36	423.03	469.36	489.01	559.29
x_7	48.13	158.06	35.17	49.66	147.06	92.25	165.64	164.71	208.05	258.42
x_8	−7.05	−36.79	42.11	50.66	71.58	87.74	141.49	142.69	157.66	221.49
x_9	0.18	0.18	0.29	0.31	0.20	0.35	0.27	0.42	0.50	0.49
x_{10}	0.96	0.86	1.39	1.45	1.58	1.77	2.74	2.16	2.10	2.64
x_{11}	0.42	0.27	0.89	0.89	0.63	0.89	0.87	0.90	0.89	0.90
x_{12}	0.19	0.16	0.26	0.29	0.39	0.30	0.59	0.43	0.62	0.53

由表 4.25 可看出,灌溉用水管理综合评价按照优、良、中及差排序,SC7、SC8 为优,2004、SC4、SC6 为良,SC2、2005、SC5 为中,而 SC3、SC1 为差。不考虑利用区外水源情况,与 SC1 综合评价为差相比,提高灌溉水利用率,灌溉用水管理水平得以提高如 SC2 综合评价为中;在提高灌溉水利用系数前提下,采用亏缺灌溉用水管理综合评价达到一般情况,若在此基础上优化作物种植结构,灌溉综合评价达到良水平如 SC6。

由于大兴区为资源性缺水区域，灌溉用水管理综合评价指标选取中多为区域水资源开发及消耗指标；而反映区域农业生产指标因获取难度较大，该类型指标偏少。区域水资源开发及消耗除受不同灌溉用水管理措施影响外，又受制于降水量多寡及区外水源利用量等多种因素。所以，对于资源性缺水区域进行灌溉用水管理评价是一个非常复杂问题。例如，SC7、SC8 的综合评价为优，原因在于该情景利用区外再生水及南水北调水，使水资源紧缺趋势得到一定缓解，从而影响其灌溉用水管理综合评价得分情况；2005 年降水稀少，综合评价为中，而降水相对丰富的 2004 年综合评价为良，因降水补充作物耗水使灌溉需水下降，所以减少地下水灌溉开采量，同时也降低水资源污染风险。

参 考 文 献

鲍卫锋, 黄介生, 孔祥元. 2007. 基于主成分分析法的流域水循环效应. 武汉大学学报(工学版), 40(2): 29-33.

陈玉民, 肖俊夫, 王宪杰, 等. 2001. 非充分灌溉研究进展及展望. 灌溉排水, 20(2): 73-75.

丁日升, 康绍忠, 冯绍元, 等. 2006. 缺水条件下非充分灌溉制度预报系统的研制. 干旱地区农业研究, 24(2): 79-85.

高占义. 2005. 中国粮食安全及灌溉发展对策研究. 中国水利水电科学研究院博士论文.

何红艳, 郭志华, 肖文发, 等. 2005. 利用 GIS 和多变量分析估算青藏高原月降水. 生态学报, 25(11): 2934-2938.

李英. 2001. 长江流域节水潜力及管理分析. 人民长江, 32(11): 40-42.

李远华, 赵金河, 张思菊, 等. 2001. 水分生产率计算方法及其应用. 中国水利, (8): 65-66.

鲁振宇, 杨太保, 郭万钦. 2006. 降水空间插值方法应用研究-以黄河源区为例. 兰州大学学报(自然科学版), 42(4): 11-14.

陆琦, 郭宗楼, 姚杰. 2005. 灌区灌溉管理质量的综合评价指标研究. 农业工程学报, 21(增刊): 15-19.

罗高荣. 1991. 灌区灌溉保证率的概念及其计算. 武汉水利电力学院学报, 24(1): 102-110.

裴源生, 张金萍, 赵勇. 2007. 宁夏灌区节水潜力的研究. 水利学报, 38(2): 239-243.

山仑. 2003. 节水农业与作物高效用水. 河南大学学报, 33(1): 1-5.

沈振荣, 汪林, 于福亮, 等. 2000. 节水新概念——真实节水的研究与应用. 北京: 中国水利水电出版社, 1-27.

王龙昌, 谢小玉, 王立祥, 等. 2004. 黄土丘陵区旱地作物水分生态适应性系统评价. 应用生态学报, 15(5): 758-762.

谢春燕, 倪九派, 魏朝富. 2004. 节水灌溉方式下作物需水量和灌溉耗水量研究综述. 中国农学通报, 20(5): 143-147.

姚治君, 林耀明, 高迎春, 等. 2000. 华北平原分区适宜性农业节水技术与潜力. 自然资源学报, 15(3): 259-264.

袁伟, 楼章华, 田娟. 2008. 富阳市水资源承载能力综合评价. 水利学报, 39(1): 103-108.

赵永, 蔡焕杰, 张朝勇. 2004. 非充分灌溉研究现状及存在的问题. 中国农村水利水电, (4): 1-4.

Blanke A, Rozelle S, Lohmar B, et al. 2007, Water saving technology and saving water in China. Agricultural Water Management, 87(2): 139-150.

Chen Y H, Li X B, Shi P J. 2008. Estimation of regional evapotranspiration over Northwest China using remote sensing. Journal of Geographical Sciences, 11(2): 140-148.

Gao Q Z, Du H L, Zu R P. 2002. The balance between supply and demand of water resources and the water-saving potential for agriculture in the Hexi Corridor. Chinese Geographical Science, 12(1): 23-29.

Henry E, Henry F, Andrem K, et al. 2006. Crop water productivity of an irrigated maize crop in Mkoji Sub-catchment of the Great Ruaha River Basin Tanzania. Agricultural Water Management, 85(1-2): 141-250.

Keller A, Keller J, Seckler D. 1996. Integrated water resource systems: theory and policy implications. Research Report 3[M]. International Water Management Institute, Colombo, Sri Lanka.

Pan Z Q, Liu G H, Zhou C G. 2008. Dynamic analysis of evapotranspiration based on remote sensing in Yellow River Delta. Journal of Geographical Sciences, 13(4): 408-415.

Prasanna H G, Jose L C, Paul D C, et al. 2008. ET mapping for agricultural water management: Present status and challenges. Irrigion Science, 26(3): 223-237.

Santos C, Lorite I J, Tasumi M, et al. 2008. Integrating satellite-based evapotranspiration with simulation models for irrigation management at the scheme level. Irrigation science, 26(3): 277-288.

Tasimi M, Trezza R, Allen R G, et al. 2005. Operational aspects of satellite-based energy balance models for irrigated crops in the semi-arid U. S. . Irrigation and Drainage Systems, 19(3-4): 355-376.

Tasimi M, Trezza R, Allen R G, et al. 2005. Operational aspects of satellite-based energy balance models for irrigated crops in the semi-arid U. S. Irrigation and Drainage Systems, 19(3-4): 355-376.

第五章 基于遥感蒸散的节水效果评价

北京属资源型重度缺水地区，水资源开发利用过度。全市人均水资源量不足300m³，仅为全国人均的 1/8，世界人均的 1/30，远远低于国际公认人均 1000m³ 的缺水下限。1991~2000 年北京市平原区多年平均地下水开发率为 109%，地表水资源开发率已达86%。随着人口的不断增加，社会经济的发展，北京将继续面临严重缺水的态势，水资源问题加剧：供需矛盾突出，预计 2020 年北京市遇 50%、75%水平年需水量约为 51.5亿 m³、53.9 亿 m³，全市将分别缺水 16.1 亿 m³ 和 21.7 亿 m³；工业废水和生活污水的排放、化肥和农药的施用，农村畜牧业垃圾等，使得水体污染严重，加剧了水资源的短缺。因此，首都水资源紧缺的根本出路是节水，推动节水型社会建设，实现水资源可持续利用是缓解北京水资源短缺的主要措施。

近些年来，北京市大力推广节水灌溉项目，然而，在这些节水灌溉项目中通过提高灌溉系统效率所减少的取水量，又被用来扩大灌溉面积或被用于工业和生活用水，因此并没有达到减少耗水量的目的。随着对于农业节水的深入认识，"真实节水""灌溉节水"等争论被提出。因此，节水效果评价需要从全新的角度出发，即耗水量的减少才是真正的节水。

然而，耗水量数据的获取一直以来是个难题，只能使用灌溉数据和实验站上观测的蒸散数据，利用点上观测的数据扩展到整个区域，代表性差，很容易产生以点代面的误差，而且缺乏山区、森林、草地等自然环境的蒸散数据，不能全面掌握耗水量数据。利用遥感手段来定量监测蒸散的研究为大范围获取耗水量提供了一种全新的手段。遥感监测结果以像元为基础，能够将蒸散量在空间上的差别监测出来，不仅是田块级的农业耗水量，也包括森林、草地、湿地、水面等的耗水量信息，既有空间结构，又有时间过程，从而为水资源的定量监测、评价和跟踪管理提供定量数据支撑。基于遥感蒸散的节水效果评价研究将从耗水角度提出新的评价指标，为农业节水规划提供可供参考的有价值的评价信息，对区域水资源管理具有重大意义。

第一节 区县节水效果

一、节水效果评价方法

北京市用水总量逐年减少，已经由2004年的40.4亿 m³下降到2009年的35.8亿 m³，工业企业用水循环利用率达到93%，灌溉水利用系数提高到0.68，但是地下水埋深却逐年下降，到 2009 年已经下降到 24.07m（毛德发等，2011）。因此，全面的评价区域综合节水效果不能依靠用水量单一指标。

基于"耗水控制、地下水可持续利用、综合评价"的原则，在 GEF 项目支持下，提出以反映区域耗水水平的目标 ET（秦大庸等，2008）和反应地下水持续利用水平的地下水理论变幅（Gu et al, 2009）为评价基准值，采用基准值比较法来评价区域的综合节水效果。

（一）评价参考目标

1. 区域 ET 目标

区域的 ET 目标是指在一个特定发展阶段的流域或区域内，以其水资源条件为基础，生态环境良性循环为约束，满足其经济可持续发展与生态文明建设要求的可消耗水量，即满足区域水平衡和经济可持续发展要求相适应的耗水量上限（秦大庸等，2008）。区域 ET 目标，从总量上给出了该区域的 ET 管理依据，表征当地可耗水量（详见第三章第三节）。区域 ET 目标包含以下三层意思。

第一，以流域或区域水资源条件为基础。水资源基础条件包括当地降水量、入境水量、外流域调入水量、特定时期可以接受的地下水超采量，以及必要的出境水量。

第二，维持生态环境良性循环。必须保证一定的河川径流量和入海水量，以维持河道内与河口生态；合理开采区域内地下水，多年平均情况下，逐步实现地下水采补平衡。

第三，满足社会经济的可持续发展与生态文明建设的用水要求。采取可行的经济技术手段和管理措施，从节水和高效用水的角度出发，立足于减少无效消耗，提高有效消耗的水分生产率、经济效益、生态效益及社会效益，实现区域经济社会的可持续发展与生态文明建设。

综上所述，目标 ET 可以理解为在满足一定的粮食产量、农民增收、经济发展、生态环境不恶化、兼顾上下游与左右岸公平用水的要求下，流域或区域的可消耗水量。其组成包括：①通常意义下的 ET，即植被的蒸腾、土壤或水面的蒸发；②工农业生产时固化在产品中，且被运出本区域的耗水。

同时，区域目标 ET 又可分为不可控 ET 和可控 ET，其中可控 ET 主要包括灌溉耕地 ET、工业和生活耗水量，不可控 ET 主要是天然生态、水域和未利用土地 ET。

即可耗水量。根据目标 ET 的制定原则，对不同方案的目标 ET 进行定性或定量评估，检验区域目标 ET 制定的合理性，给出区域目标 ET 的推荐方案。

2. 地下水资源可持续利用目标（地下水理论年降幅）

地下水位理论年降幅是给水度、降水量和地表水资源量的函数（Gu et al., 2009）。地下水位理论年降幅等于当年可利用水资源量与多年平均可利用水资源量之差，除以地下含水层综合给水度。

（二）评价方法

基于 ET 的节水目标的评价方法是比较法，将监测的 ET 数据和地下水资源年变幅数据与参考目标值比较，如果监测数据小于目标值，这说明节水目标已经实现，地下水资源可以持续利用，反之就说明节水目标没有实现地下水资源不可持续利用。

二、项目区县的节水效果评价

以北京市平谷、密云、大兴、房山、通州 5 个重点示范项目县，根据海河流域水利委员会分配给 5 个项目区县的目标蒸散量，平谷、密云、大兴、房山、通州目标 ET 分别为 565mm、542mm、517mm、536mm 和 584mm（朱晓春等,2009）。根据研究区多年水文资料，2008 年上述 5 个区县平原区地下水理论年降幅数据，分别为-0.78m、0.36m、0.2m、1.14m 和 0.35m。

（一）典型区的节水目标评价结果

北京市五个项目区耗水监测值和目标值对比结果见表 5.1。北京五个项目区县的 2007 年节水目标只有大兴区未能达标，2008 年全部未达标。分析原因发现，北京市 2008 年属丰水年，降水量很大，无效 ET 较多，造成 ET 数值比较大。

表 5.1　节水目标监测统计表　　　　　　　　（单位：mm）

监测范围		密云县	平谷区	通州区	大兴区	房山区
目标值		542	565	584	517	536
监测值	2007 年 遥感监测 ET	502.6	553.9	577.8	568.3	491.2
	评价结果	达标	达标	达标	未达标	达标
	2008 年 遥感监测 ET	613	674	611	560	596
	评价结果	未达标	未达标	未达标	未达标	未达标

（二）典型区的平原地下水资源持续利用评价结果

项目区地下水对比结果见表 5.2。北京五个项目区县的 2008 年地下水可持续利用只有平谷未达标，其余全部达标。分析原因发现，为迎接 2008 年北京奥运会，保证城区的供水安全，北京市从平谷区集水 1 亿 m³，造成地下水超采。

表 5.2　监测区域 2008 年平原区地下水资源可持续利用评价结果表　　（单位：m）

监测区	密云县	平谷区	通州区	大兴区	房山区
理论降幅	0.36	−0.78	0.35	0.2	1.14
实际降幅	0.12	1.34	−0.28	−0.3	−0.8
评价结果	达标	未达标	达标	达标	达标

第二节　工程措施节水效果

一、工程措施实施现状

随着现代化规模经营农业的发展，由传统的地面灌溉技术向现代地面灌溉技术的转变是大势所趋。在采用高精度的土地平整技术基础上，采用水平畦田灌和波涌灌等先进的地面灌溉方法无疑是实现这一转变的重要标志之一。精细地面灌溉方法的应用可明显改进地面畦（沟）灌溉系统的性能，具有节水、增产的显著效益。

微灌技术是所有田间灌水技术中能够做到对作物进行精量灌溉的高效方法之一。美国、以色列、澳大利亚等国家特别重视微灌系统的配套性、可靠性和先进性的研究，将计算机模拟技术、自控技术、先进的制造成模工艺技术相结合开发高水力性能的微灌系列新产品、微灌系统施肥装置和过滤器。

此外，管道输水技术因成本低、节水明显、管理方便等特点，已作为许多国家开展灌区节水改造的必要措施，开展渠道和管网相结合的高效输水技术研究和大口径复合管材的研制是渠灌区发展输水灌溉中亟待解决的关键问题。

近几十年来，北京大力发展节水农业，节水灌溉面积由1980年的3.45万 hm^2 发展到2000年的27.27万 hm^2，包括喷灌、低压管道灌溉、渠道衬砌、微灌等多种形式。节水工程控制面积占有效灌溉面积的85%。同时，针对工程措施对土壤状况、水分利用和作物品质影响的研究工作也在逐步展开，王志平等（2007）在通州区双埠头开展了不同灌水条件对小麦节水品种产量和水分生产效率影响的研究，姚素梅等（2005）在北京市通州区永乐店开展了喷灌和地面灌溉条件下冬小麦的生长过程差异的研究，王建东等（2008）在北京市大兴区针对滴灌灌水频率对春玉米生长和农田土壤水热分布的影响展开了研究工作，邹养军等（2006）在北京开展了根系分区灌水对苹果叶片内源激素及生长的影响。

二、管灌措施节水效果评价

礼贤镇位于北京市大兴区南部，介于 39°26′～39°50′N，116°13′～116°43′E 之间，如图5.1所示。全镇总面积93.83km²，总人口3.5万。气候为中纬度暖温大陆性季风气候，多年平均气温12℃，多年平均降水量545mm。该镇以农业为其支柱产业，农业用地以冬小麦、夏玉米为主。

2006年，2007年礼贤镇大力实施农业节水灌溉工程，2006年以小麦玉米的管灌方式为主，2007年以蔬菜的滴灌方式为主，选择在冬小麦-夏玉米区域实施节水工程的典型区域——西郏东郏河（节水工程实施区）和东梁各庄贺南（未实施区），研究区地理位置如图5.1所示。

利用2004～2008年逐月的实际ET，通过累计作物生长季的逐月ET，得到冬小麦和夏玉米的ET结果，由于使用的ET数据是月频次，小麦生长季规定为上一年10月到次年5月，夏玉米生长季规定为7～9月。结合2004～2008年的大兴区冬小麦和夏玉米分布图，以及典型区边界矢量图，采用地统计方法得到两个典型区的ET平均值，如图5.2所示。冬小麦生长季管灌措施实施以后，两个区域耗水差异年际间表现为线性增长的趋势，由原来的负值转变为正值意味着管灌实施区耗水减少，2006～2008年表现最为明显，差异最高达13.5mm，平均为12.1mm，说明管灌措施实施对于小麦节水效果明显。玉米生长季管灌措施实施以后，两个区域耗水差异随年际呈现波动性的变化，因此管灌措施对于玉米效果并不明显。

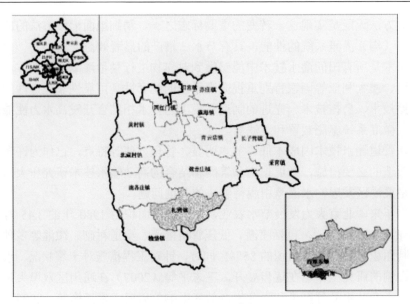

图 5.1　礼贤镇位置示意图

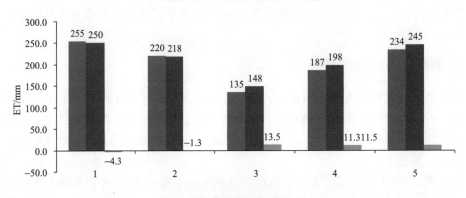

(a) 小麦ET管灌措施的差异

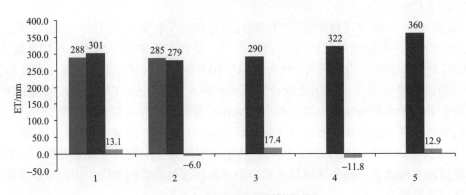

(b) 玉米ET管灌措施的差异

图 5.2　典型区小麦和玉米工程措施差异

节水工程措施的节水效果体现在减少了从取水源到田间输水过程中的无效蒸发，提高了灌溉保证率，而玉米为雨养作物，雨季降水一般能满足作物需水，不需要灌溉，因此管灌措施的实施对于玉米不明显，上述分析结果也证明了这一点，因此工程措施着重对有灌溉的冬小麦生长季进行评价。

第三节　农艺措施节水效果

一、农艺措施实施现状

节水农艺措施指通过农田土壤调控技术和作物生理调控技术节约用水，是节水农业发展的潜力所在。

国内外已提出许多行之有效的技术和方法，如保护性耕作技术、田间覆盖技术、节水生化制剂和旱地专用肥等技术和产品正得到广泛的应用。在保护性耕作方面，美国中西部大平原由传统耕作到少耕或免耕，由表层松土覆盖到作物残茬秸秆覆盖，由机械耕作除草到化学制剂除草，都显著提高了农田的保土、保肥、保水的效果和农业产量。在化学制剂方面，法国、美国、日本、英国等开发出抗旱节水制剂（保水剂、吸水剂）的系列产品，在经济作物上广泛使用，取得了良好的节水增产效果。法国、美国等将聚丙烯酰胺（PAM）喷施在土壤表面，起到了抑制农田水分蒸发、防止水土流失、改善土壤结构的明显效果。在抗旱节水作物品种的选育方面，发达国家已选育出一系列的抗旱、节水、优质的作物品种，如澳大利亚和以色列的小麦品种、以色列和美国的棉花品种、加拿大的牧草品种、以色列和西班牙的水果品种等。这些品种不仅具备节水抗旱性能，还具有稳定的产量性状和优良的品质特性。节水农作制度主要是研究适宜当地自然条件的节水高效型作物种植结构，提出相应的节水高效间作套种与轮作种植模式。例如，在澳大利亚采用的粮草轮作制度中，实施豆科牧草与作物轮作会避免土壤有机质下降，保持土壤基础肥力，提高土壤蓄水保墒能力。另外，水肥耦合高效利用技术的研究已将提高水分养分耦合利用效率的灌水方式、灌溉制度、根区湿润方式和范围等与水分养分的有效性、根系的吸收功能调节等有机地结合起来。美国、以色列等国家将作物水分养分的需求规律和农田水分养分的实时状况相结合，利用自控的滴灌系统向作物同步精确供给水分和养分，既提高了水分和养分的利用率，最大限度地降低了水分养分的流失和污染的危险，也优化了水肥耦合关系，从而提高了农作物的产量和品质。

北京地区大力开展各种农艺措施的研究与应用。朱文珊和王坚（1996）1986～1989年在北京西郊地膜棉花试验结果表明，秸秆覆盖免耕和薄膜覆盖两种耕作措施每年可节水 20～40mm。郝仲勇和刘洪禄（2002）于 2000 年在北京市昌平县南邵乡何营村开展了麦秸覆盖对果树蓄水保墒作用的应用研究。徐磊等（2005）于 2004 年在大兴区庞各庄镇开展了旱地龙对甜瓜节水效果和产量提升的影响。李仙岳等（2009）于 2007 年在北京昌平区针对保水剂对杏树蒸腾及果实品质的影响开展了应用研究。草坪以其独特的美学、生态学价值备受青睐，已成为城市园林绿化的重要组成部分。然而，由于草坪是一种耗水量较大的绿化方式，给水资源短缺、用水紧张的城市造成相当大的压力。李淑芹等（2006）于 2003 年 8 月至 11 月在中国农业大学东小区针对常见的三种草坪草（早熟禾、高羊茅、黑麦）开展了草坪修剪高度对草坪草耗水量影响的研究。还有近些年突出的一个措施是农业种植结构的调整。北京市将改变以粮食作物为主的农业种植结构，形成粮、菜、果、牧草等的全面发展的局面。

二、种植结构调整节水效果评价

北京市通州区自 2000 年以来大力推进农业产业结构调整，改变传统的农业种植模式。本节将以通州区张家湾镇产业结构调整前后区域耗水变化分析农艺措施的节水效果。

张家湾镇位于通州区东南 5km，2000 年以后逐渐对部分农田进行了种植结构调整、漫灌改管灌等一系列节水措施。利用 ETWatch 模型分别计算了该地区种植结构调整前（2000 年）和种植结构调整后（2002 年）的年 ET，空间分布如图 5.3 所示。统计结果表明，通过一系列节水措施，张家湾地区年耗水差异明显，2000 年该地区年均蒸散量为472mm，标准差为240mm，2002 年该地区年均蒸散量为410mm，标准差为165mm。以上数据表明，通过各种节水措施，该地区年耗水量明显减少。

针对该地区进行实地考察发现，对于图 5.3 所示的研究区，A 区域多年均为公园，该区域两年耗水量差异不大；B 区域在 2000 年为冬小麦和夏玉米连作地，而在 2002 年只种植了夏玉米，导致该区域两年耗水量差异明显；C 区域在 2000 年为农田，而在 2002 年更改为工业用地，导致该区域在两年间的耗水量发生显著变化；D 区域在 2000 年为农田，而在 2002 年更改为果园，种植结构调整导致该区域的耗水量发生明显变化。

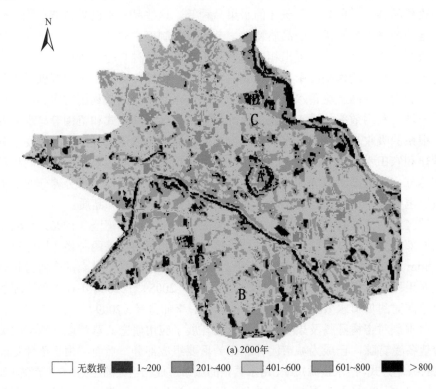

(a) 2000年

无数据　■ 1~200　201~400　401~600　601~800　■ >800

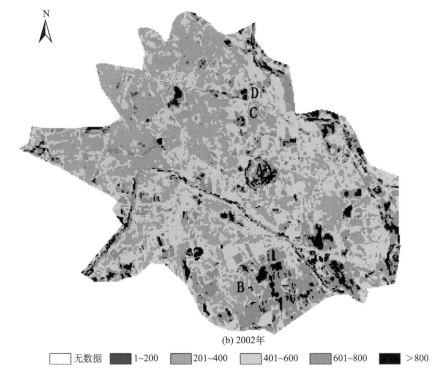

(b) 2002年

| □ 无数据 | ■ 1~200 | ■ 201~400 | ■ 401~600 | ■ 601~800 | ■ >800 |

图 5.3　北京市通州区张家湾地区 2000 年和 2002 年 ET 结果对比（单位：mm）

以上分析结果表明，种植结构调整会引起 ET 的变化，利用同一区域不同年的 ET 消耗情况可较好的评价不同农艺措施的节水效果。

参 考 文 献

郝仲勇, 刘洪禄. 2002. 麦秸覆盖条件下果树蓄水保墒技术研究. 节水灌溉, 2: 39-41.

李淑芹, 雷廷武, 詹卫华, 等. 2006. 修剪留茬高度对北京地区草坪草耗水量的影响. 农业工程学报, 22(11): 74-78.

李仙岳, 杨培岭, 任树梅, 等. 2009. 高含砾土壤中保水剂对杏树蒸腾及果实品质的影响. 农业工程学报, 25(4): 78-81.

毛德发, 周会珍, 胡明罡, 等. 2011. 区域综合节水效果的遥感评价研究与应用. 遥感学报, 15(2): 344-348.

秦大庸, 吕金燕, 刘家宏, 等. 2008. 区域目标 ET 的理论与计算方法. 科学通报, 53(19): 2384-2390.

王建东, 龚时宏, 隋娟, 等. 2008. 华北地区滴灌灌水频率对春玉米生长和农田土壤水热分布的影响. 农业工程学报, 24(2): 39-45.

王志平, 李昌伟, 王克武, 等. 2007. 不同灌溉条件对小麦节水品种产量和水分生产效率的影响. 北京农业, (5): 3-7.

徐磊, 杨培岭, 韩玉国, 等. 2005. FA 旱地龙在京郊甜瓜栽培上的应用研究. 水土保持学报, 19(5): 183-194.

姚素梅, 康跃虎, 刘海军, 等. 2005. 喷灌和地面灌溉条件下冬小麦的生长过程差异分析. 干旱地区农业研究, 23(5): 143-147.

朱文珊, 王坚. 1996. 地表覆盖种植与节水增产. 水土保持研究, 3(3):141-145.

朱晓春, 王白陆, 王韶华, 等. 2009. 海河流域节水和高效用水战略. 天津: 水利部海河水利委员会.

邹养军, 魏钦平, 李嘉瑞, 等. 2006. 根系分区灌水对苹果叶片内源激素及生长的影响. 园艺学报, 33(5): 1039-1041.

Gu T, Li Y H, Liu B. 2009. Application and research of ground-water management based on ET in North China. Proceedings of International Symposium of Hai Basin Integrated water and Environment Management.

第六章　基于遥感蒸散的北京市水资源合理配置

第一节　基于蒸散指标的水资源调配理念

一、基于蒸散的水资源调配与传统的水资源调配的区别

传统的水资源配置及其管理是以供需平衡为指导思想,在有限的水资源供给条件下,通过采取工程和非工程的措施,尽可能地满足区域的水资源需求,从而造成社会经济的发展脱离于当地的水资源条件。区域社会经济水平发展越快越高,对用水的需求就越大,为了满足当地的用水需求,就不停的兴建新的工程系统来保障供水,而新建的工程往往只考虑本地区的社会经济活动的用水,忽略了生态、环境的承载能力和下游地区的用水需求,造成当地环境恶化,水资源承载能力降低,下游区域入流减少,直接表现就是本地的用水需求更多,继续兴建新的供水工程,形成恶性循环,引起的后果十分严重。

为了避免这种情况的发生,水资源合理配置需要采用新的方法和技术,从多个角度来分析和处理水资源使用的问题。第一,就是要引入区域可消耗水资源量的概念;第二,水资源配置要综合考虑社会、经济、环境、生态等多个方面的因素,兼顾下游区域的利益。

海河流域水资源与水环境综合管理项目为此引入了基于 ET 目标的水资源调配理念,ET 是蒸腾蒸发的缩写,它反映了一个区域真实消耗的水量。基于 ET 目标的水资源配置和管理,是以当地水资源利用的可持续发展为出发点,通过优化配置不引起自然环境恶化人类社会所能消耗的最大水量,实现人类社会、经济的健康发展。

传统 ET 的概念是指地表不同下垫面向大气的水分蒸散发,包括从地表和植物表面的水分蒸发与通过植物表面和植物体内的水分蒸腾两个方面。ET 既是复杂水文循环过程的重要环节之一,也是地表能量平衡的组成部分和陆面生态过程的关键参数。除气候条件、土壤因素和地面覆盖物自身特性等自然因素对 ET 影响很大以外,实际 ET 还取决于人类活动对土地利用类型的改变和对水循环过程的改变等。近年来,随着对地表能量交换和物质迁移研究的深入及水资源合理利用与管理定量化的迫切要求,ET 研究越来越受到人们的重视,包括水文气象方法和遥感技术在内的 ET 估算与监测方法也取得了很大进展。从流域水资源宏观管理的角度出发,可以将传统 ET 的概念拓展到广义 ET,即区域或者流域的真实耗水量,既包括传统的自然 ET,也包括人类的社会经济耗水量。ET 的监测和总量控制对于资源缺水流域的水资源调配管理与水资源可持续利用具有重要意义。

传统的水资源配置方法通常以供需平衡分析为核心和基础,以追求供需缺口最小为分配目标,对多种可利用水源在区域间和各用水部门间进行调配,确定各类可利用水资源在供水设施、运行管理等各类约束条件下对不同区域各类用水户的有效合理分配,并

在此基础上形成配置格局，得出区域不同发展模式下水资源供、用、耗、排的过程。但我国区域和流域水资源管理中计算水量平衡的传统模式是通过地区、行业和部门层层统计上报进行逐项、逐片的供需平衡计算，由此产生的问题是重复利用水量账不易算准、时效性较差，很多地区一方面节水成效显著，另一方面地下水的超采不断加剧，有效的管理措施也无从下手。而 ET 管理理念的引入正是切中了我国传统水资源管理的要害。基于 ET 目标、以可消耗的不可回收 ET 量为分配目标的水资源合理配置不仅能够从总体上把握节水和水资源高效产出的方向，还可以提高水量分配方法的科学性，促进水权分配制度的建立，有效控制地下水的超采和入海水量，实现水资源的可持续利用。

与传统的供水调配相比较，基于 ET 目标的水资源调配有以下的优点：①ET 可以较全面地反映一个区域水资源的活动状况；②由于 ET 是净消耗水量，相当于传统的耗水概念，可以反映出水资源在各行业的真实消耗情况；③遥感 ET 在生态、农业等方面的监测较为准确、直接，便于统计分析。传统的用水消耗分析只反映对于供水使用的效率，对用水水平的分析不能全面揭示水资源开发利用中的不合理问题，用水高效和节水高效往往掩盖了水资源的过度开发问题，使区域水循环系统长久处于负均衡状态。对供水使用的高效率并不表明对水资源使用的合理。因此，在 GEF 海河项目里，提倡以 ET 为指标控制和管理，控制水资源的使用与消耗。

二、基于蒸散指标的水资源调配理念内涵

大气降水、地表水、地下水、土壤水之间相互转化，将水的各种形式统一起来，从而实现水循环过程，形成一个不断更新的水循环系统。ET 就发生在地表水、地下水和土壤水向大气水转化的过程中，成为大气水和地表水、地下水和土壤水之间的纽带。人类至今尚无法有效控制大气水，只能直接和间接的利用地表水、地下水和土壤水进行社会经济活动。在社会经济用水过程中，减少 ET 的总量，意味着有更多的地表水、地下水和土壤水可使用。通过控制 ET 总量并对 ET 在社会、经济生活中优化配置，也就从某种意义上提高了人类对水资源的利用程度。

基于 ET 目标进行水资源调配，其实质是通过"耗水"管理代替"取水"管理，将水资源消耗水平提高到影响水资源的良性循环和水资源高效利用的决定性因素水平上。具体应用中，应该通过现代水利技术和水资源管理方法，降低社会经济用水的 ET 消耗，减少地表、地下水资源的无效流失，充分发挥水资源的重复利用性，实现水资源的高效利用。

在基于 ET 的水资源调配，要综合考虑到社会、经济、环境、生态等方面的平衡，社会、经济的用水不再是首要满足目标，从水资源的可持续发展出发，整个区域社会、经济、环境、生态的和谐发展才是最主要的目标。它包含三层意思：第一，必须以流域或区域水资源条件为基础，水资源基础条件包括降水量、入境水量、外调水量、地下水可利用量，以及必要的出境水量；第二，保证整个区域或流域内水资源良性循环，确定人类社会、经济取用水不造成自然环境和生态的破坏，区域或流域内水资源量长期保持稳定；第三，促进人类社会、经济健康发展，提供社会进步所需的基本水量，并指导社会、经济的发展不偏离区域或流域的水资源情势。

第二节　基于蒸散目标的水资源调配技术

一、基于蒸散的水资源调配技术框架

基于 ET 目标的水资源调配总体思路是：综合考虑水资源利用的自然、社会、经济、生态、环境等属性，以水资源系统、社会经济系统和生态环境系统组成的整体为研究对象，以可消耗 ET 总量分配和水资源高效利用为核心，以社会公平、经济高效、资源节约、生态环境保护为目标，以多目标分析模型、水资源配置模型和水循环模拟模型等为工具平台，在二元水循环模式下精细模拟降水、蒸发、下渗、地表径流、地下水蓄变及水资源的供、用、耗、排等过程，通过对水资源可利用量与可消耗 ET 量、用水现状及ET 消耗现状、未来需水，以及相应 ET 消耗情况的对比分析，深层次地寻找区域水资源利用问题根源，针对问题进行多目标间的权衡，拟定解决问题的各种可行水资源配置方案，并应用水循环模拟模型检验水资源配置方案所形成的 ET 分布，对方案进行评价和比选，最终提出推荐方案。在技术实现上，基于 ET 目标的水资源合理配置可分为三大部分内容（图 6.1）：区域或流域 ET 控制目标分析、ET 控制目标分配和水循环模拟模型对 ET 分配方案的验证。在实际研究过程中，也应当分为三个步骤实现。

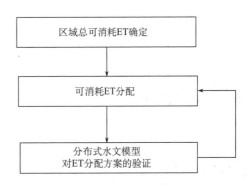

图 6.1　基于 ET 指标的水资源调配方法

（1）区域或流域 ET 控制目标分析：基于 ET 目标的水资源调配，需要分析区域总的水资源状况，调查清楚区域水资源入流和出流后，可以确定区域总 ET 控制目标。从整个区域水平衡的层次为水资源配置确立耗水约束指标。确保区域水循环处于均衡状态，是实现区域水资源可持续利用的前提，也是真正实现人与自然和谐相处的重要体现。

（2）ET 控制目标分配：可消耗 ET 分配是以 ET 分配和水资源高效利用为核心，在区域水循环层面和人工用水侧枝循环层面将 ET 约束分解为自然 ET 约束和社会经济 ET约束，并将社会经济 ET 约束在时间、空间和用户间分配，围绕 ET 分配方案形成水资源配置方案。

第一个层面是总 ET 目标中自然 ET 与社会经济 ET 的分配，其重点是区分人类活动影响区域水分自然运动形成的 ET 与由于社会经济活动形成的 ET，如由于对农田、草地、林地等进行灌溉所形成的植物 ET，由于工业、生活用水引水而加长了水循环路径所造成的耗水量等。对于区域自然 ET 的分析，可通过建立水文模型，假设不存在人工侧枝循环，对天然条件下的水循环进行模拟，计算得到相应的 ET 结果。社会经济耗水则为总耗水与自然 ET 之差。

第二个层面是社会经济耗水的分配，可继续划分为两大过程：首先是根据水资源利

用、节水、投资等模块与 ET 调控、经济、生态、环境等目标之间的耦合机理，建立多目标分析模型，通过调整产业结构和生产力布局、建设节水型社会、加强用水管理、协调各项竞争性用水等措施，达到控制 ET 增长、促进水资源高效利用、适应较为不利的水资源条件的目的，最终确定合理的社会发展模式及在这种模式下的投资组成、污水治理方案、用水方案、节水方案及 ET 分配方案等内容；其次是根据多目标分析模型的计算结果，以优化配置模型为工具完成配置模拟过程，灵活设定水库调度规则、节点控制规则、地下水开采规则、水资源分配规则、污水处理及再利用规则及其他各类管理措施，从时间、空间和用户三个层面上模拟水资源及 ET 指标的分配，进行水资源配置分析，通过多种供耗组合的有效筛选，提出基于 ET 指标的合理推荐方案。

（3）水循环模拟模型对 ET 分配方案的验证：水循环模拟模型对 ET 分配方案的验证则是将配置模型计算的供水分配方案进行时空展布作为水循环模拟模型人工取用水信息的输入，反推指定来水条件下供用水方案经过水文系统转换后形成的 ET 值，对 ET 控制目标形成反馈。

为了完成可消耗 ET 在社会、经济、生态和环境各维的配置，必须建立起基于 ET 的水资源调配分析模型。北京市水资源配置模型由以下几个模型组成，第一个是综合分析模型，处理包括社会、经济、环境和生态之间水资源的分配；第二个是水资源配置模拟模型，把综合分析模型分配的水资源进行详细配置，为具体调度准备；第三个是 SWAT模型，用于对水资源配置方案的验证，第四个是地下水模型，用于进行地下水水位的变化分析。模型结构和关系如图 6.2 所示：

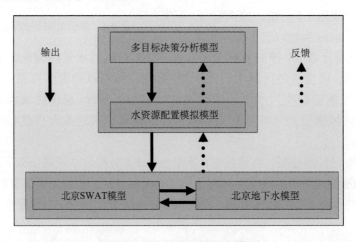

图 6.2　北京市水资源调配模型

二、区域蒸散控制目标分析技术

ET 控制目标是指在一个特定发展阶段的区域内，以其水资源条件为基础，以整个区域内水资源良性循环为约束，人类社会、经济健康发展过程中实现的水资源可消耗总量。

ET 控制目标，体现了"科学发展"的理念，考虑了社会不同发展阶段经济和生态的不同目标，考虑了区域或地域的水资源本地条件和水利科学技术发展情况，是一个循序渐进的控制过程，具有现实可行性。

　　具有天然主循环和人工侧支循环二元结构的区域水循环不仅构成了社会经济发展的资源基础，也是生态环境演变的控制因素。确保区域水循环处于均衡状态，是实现区域水资源可持续利用的前提，也是真正实现人与自然和谐相处的重要体现。因此，须以区域水均衡为约束，推求区域水资源可消耗总量。

　　区域水均衡（图6.3）是指在一定时间范围和区域范围内，地表水储量和地下水储量处于生态安全的条件下，时段来水和时段出流与消耗之和的均衡。可用下式表示：

$$P+T+CS=ET+O$$

或：

$$P+T+CS-ET-O=0 \qquad (6.1)$$

式中，P 为本地降水量；T 为外来水量；CS 为系统内蓄水量变化；ET 为蒸腾蒸发量；O 为系统流出量。

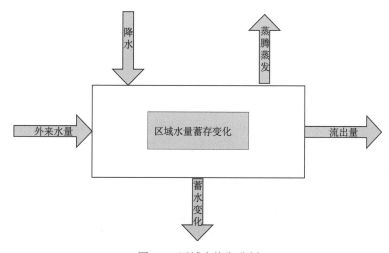

图6.3　区域水均衡分析

　　北京市水资源系统近年来一直处于负均衡状态。按照 GEF 海河项目的总体目标，计划在 2020 年恢复区域水资源系统的均衡状态。为确保实现此项目标，并为社会和经济发展留有余地，须使水资源系统自现状年至规划水平年长时期持续保持正均衡状态。

三、基于蒸散的水资源调配综合分析技术

　　多目标决策分析模型是将社会、经济、环境、水资源等子系统及相互之间的约束机制进行高度概括的综合数学模型，描述资金与资源在"经济—环境—社会—资源—生态"复杂巨系统的各子系统中的分配关系，以及与社会发展模式的协调问题。它有如下的特点：

　　（1）区域宏观经济系统和水资源系统联合考虑，需水管理、供水管理与水质管理并重，并定量把握三者间相互依存、相互制约的关系；

　　（2）以区域经济、环境、社会的协调发展为目标研究水资源优化配置策略，定量揭示目标间的相互竞争与制约关系；

（3）采用多层次多目标群决策的决策方法研究水资源优化配置问题，以便在定量的基础上反映不同的优化配置方案对上下游、左右岸、不同地区和不同部门之间的影响，并将各决策者的意愿有机地融入决策过程；

（4）以区域宏观经济分部门的动态投入产出分析为基础，定量揭示农业与工业、第三产业的关系，经济发展与流域总体规划的关系，分部门发展与灌溉规划、水力发电规划、城市生活与工业供水规划、水资源保护规划等专业规划间的关系；

（5）在优化配置决策中保持了水的需求与供给间的平衡，污水的排放与水污染治理间的平衡，以及水投资的来源与分配间的平衡；

（6）将多层次、多目标群决策的优化手段与多水源、多用户的复杂水资源系统模拟技术有机地结合起来，利用优化手段反映各种动态联系，利用模拟手段反映经济发展过程中的不确定性和水文连续丰枯变化对优化配置方案的影响；

（7）利用从动态投入产出模型中导出的供水影子价格和从多目标群决策模型中导出的分水原则作为水资源优化配置的经济杠杆。

（一）模型框架

多目标决策分析模型是一个宏观层次上的模型，它通过多目标之间的权衡来确定社会发展模式及在这种模式下的投资组成和供水组成，确定大型水利工程的投入运行时间和次序等问题，总体框架见图 6.4。其中宏观经济模块、工业农业生产模块、水资源平衡模块、水环境及生态等模块是模型的基础模块。在模型中，需要建立现状及预测状态下

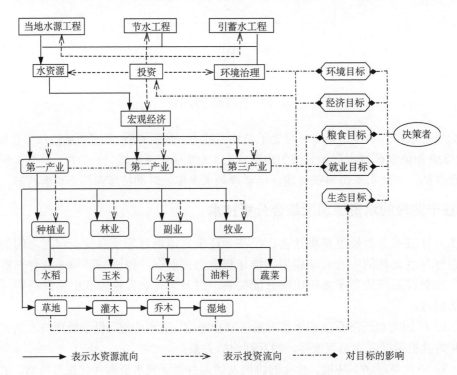

图 6.4　多目标决策分析模型总体框架

的国内生产总值、工农业生产总值、消费与积累的比例关系。在优化过程中要充分考虑节水规划的指导原则，不断优化产业结构、种植结构和用水结构，同时结合宏观经济模型和人口模型，利用需水预测模型进行需水预测，利用污水处理费用投资来控制污水处理成本，用绿色当量面积作为衡量生态水平的指标，通过经济的不断发展来促进城镇就业率的提高，从而将水资源、投资和环境、生态、经济等目标有机结合起来。

（二）主要模块描述

利用模型模拟计算区域经济、水资源和环境等方面的关系，需要描述流域中各子系统直接的相互作用，主要包括以下五类。

1）宏观经济调控

宏观经济与水资源关系的研究，近些年有了很快的发展，其基本原理为：宏观经济发展速度，将影响需水量增长的速度；经济结构的变化和城市化进程，将影响到工业和农业用水比例；经济发展产生的各种污染，将造成有效水资源量的减少；经济积累，将有助于包括水资源在内的各经济部门的开发利用和保护管理。

2）水资源平衡分析

模拟河道水量分配和调度的物理过程，和传统的流域模拟模型功能类似，通过对流域进行概化，形成流域节点图，用于流域的水量平衡演算，得到各个节点的水量。

3）水价管理

根据每年的综合社会福利发展状况，确定各种用水价格，包括农业用水、城市生产用水、城市生活用水、市政用水等。这些水价在模型中通过自由变量的形式出现，通过价格需求弹性关系来控制各种用水需求。

4）水环境及生态

经济发展所带来的环境污染、生态变化与经济发展程度呈正比，与环境、生态投资呈反比，环境及生态控制决定于发展模式的确定，并通过模型优化与决策者的外部干预来实现。

5）生产模块

反应第一、二、三产业之间的联系，以及与水资源的相互制约关系。其中第一产业分为农林牧副渔，第二产业分为工业及建筑业，第三产业分为商业及服务业等。

（三）模型的多目标处理方法

在多目标问题中，决策的目的在于使决策者获得最满意的方案，或取得最大效用的后果。为此，在决策过程中，必须考虑两个问题：其一是问题的结构或决策态势，即问题的客观事实；其二是决策规则或偏好结构，即人的主观作用。前者要求各个目标（或属性）能够实现最优，即多目标的优化问题。后者要求能够直接或间接地建立所有方案的偏好序列，借以最优择优，这是效用理论的问题。

多目标问题一般的数学表达式如下：

$$\max(\min) f(x) = \left\{ f_1(x), \cdots, f_p(x) \right\}$$
$$S.T \quad x \in X \tag{6.2}$$

式中，$f(x)$ 为由决策变量组成的向量；$f_i(x)$ 为目标函数，$i=1,\cdots p$；X 为决策变量的可行域。这样的多目标优化问题的解一般不是唯一的，而是有多个（有限或无限）解，组成非劣解集，供决策者参考。

DAMOS 模型在处理多目标问题时提供两种基本方法：情景分析方法和交互式契比雪夫方法。其中情景分析方法属于决策偏好的事后估计，而交互式的契比雪夫方法属于通过求解过程中的交互确定决策偏好。

四、水资源配置模拟技术

（一）模型框架

水资源配置模拟模型以系统概化为基础对实际系统进行简化处理。通过抽象和简化将复杂系统转化为满足数学描述的框架，实现整个系统的模式化处理。以系统概化得到的点线概念表达实际中与水相关的各类元素和相互关联过程，识别系统主要过程和影响因素，抽取主要和关键环节并忽略次要信息。在系统概化的基础上对系统的水源和用水户进行分类。表 6.1 为一般情况下系统概化后得到的各类点线元素及其对应实体，表 6.2 为系统分类后的水源和用户。

表 6.1　水资源系统概化要素及其对应实体

基本元素	类型	所代表系统实体
点	工程节点	蓄引提工程（包括水电站）、跨流域调水工程
	计算单元	一定区域范围内多类实体的概化集合，包括区域内用水户、面上分布的用水工程（包括不作单独考虑的地表水工程和地下水工程）、非常规水源（海水、雨水）利用工程、污水处理与再利用工程等
	水汇	汇水节点，系统水源最终流出处，如海洋、湖泊尾闾、出境等
	控制节点	通江湖泊（湿地）、有水量或水质控制要求的河道或渠道断面
线	河道渠道	代表水源流向和水量相关关系的节点间有向线段，如天然河道、供水渠道、污水排放途径、地表水和地下水转换关系等

表 6.2　模拟系统划分的水源和用户

系统水源			系统用水户		
基本水源	系统水源	说明	用户分类	三生口径	用水户
地表水源	本地水	通过计算单元内本地引提工程利用的天然径流	河道外	生产	农业
					工业及三产
	河网水	计算单元内概化蓄水工程所蓄天然径流以及退水等		生活	农村生活
					城镇生活
	地表水	系统节点图单列工程供水		生态	农村生态
	外调水	模拟区域范围外的供水			城镇生态
地下水源		深/浅层地下水，微咸水	河道内	发电、航运、河道内生态需水	
其他水源		海水、雨水、处理后污水			

　　通过配置模拟计算，可以从时间、空间和用户三个层面上模拟水源到用户的分配，并且在不同层次的分配中考虑不同因素的影响，系统水量分配层次与影响因素见图6.5。考虑实际中不同类别水源通过各自相应的水力关系传输，模型采用分层网络的方法描述系统内各类水源的运动过程，即将不同水源的运动关系分别定义为该水源的网络层，而各类水力关系就是建立该类水源运动层的基础。同时又通过计算单元、河网、地表工程节点、水汇等基本元素实现不同水源的汇合和转换，构成了系统水量在水平方向上的运动基础，并清晰描述不同水源水量的平衡过程。

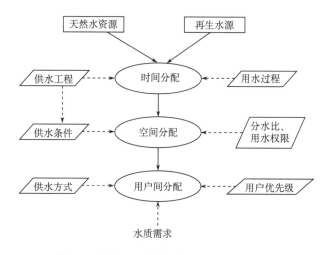

图 6.5　水资源配置的三个层次及其影响因素

（二）原理概述

　　在计算方法上，配置模型主要采取模拟计算技术，在对区域进行计算单元划分和水量供用耗排关系勾勒的基础上，寻求多阶段、多目标水资源决策问题的合理解答。模型的基本思路就是按照符合实际流程的逻辑推理对水资源配置系统中的水资源存蓄、传输、供给、排放、处理、利用、再利用、转换等进行定量分析和计算，以获得水资源的配置结果。模拟模型根据不同的输入信息以内置的逻辑判断完成相应的系统输出。模型内置的逻辑判断由相应规则完成，系统提供满足各类需求、结合用户经验的水量调配规则，将总体决策目标与实现过程有机结合，解决大规模水利工程网络联合调度运行，提供经济用水、生态与环境需求，以及发电航运等水资源相关问题的分析。

　　为便于程序设计和计算，根据不同水源配置所依据的原则，在考虑其相互影响的基础上对模型计算过程进行模块分割，即以系统主流程所确定的各类水源的配置利用为主线，兼顾各类水源间的相互影响，将模型计算划分多个子系统，其处理先后顺序既体现水源利用的优先性，也考虑了同一时段内各类水源间相互影响的先后次序。按照同一时段内处理的先后顺序，将计算过程划分为非常规水源配置、本地径流及河网水利用、处理后污水利用、外调水配置、地下水利用、地表工程供水弃水、单元耗水及排水计算等模块。通过各模块部分的功能共同完成整个系统的水量过程模拟。

根据配置需要完成的三个层次计算，模拟系统按时段递推计算是外围循环，按照区域位置分布进行的单元和节点等基本元素的计算循环低于时间层的循环。在这两层循环关系确定后，进一步确定单元内水源到用户的配置的计算过程。而在明确了各类水源利用规则后，不同水源如何实现对用户的分配则涉及水源利用顺序的确定，同时也确定了一个时段内模型计算的主流程。配置模型计算的主流程见图 6.6。

五、分布式水文模型对蒸散分配方案的验证技术

对围绕 ET 指标形成的水资源配置方案，需要从水循环的角度检验可行性与节水效果，因此在配置方案形成后，还需要运用水文模型对其进行验证，并形成反馈。

本书根据 GEF 项目推荐，采用 SWAT 模型对 ET 分配方案进行水文验证，对于 ET 分配方案所形成的地下水资源条件的变化，采用 Modflow 模型进行加强验证。

（一）SWAT 模型

SWAT 模型，全称水土评价工具（soil and water assessment tool），是在 SWRRB（simulator for water resources in rural basins）模型基础上发展起来的一个长期流域分布式水文模型。模型开发之初主要是为了模拟预测在长期土地管理措施下，土壤类型、土地利用和管理方式对于大面积复杂流域的径流、泥沙负荷和营养物流失的影响。随着后期各版本的不断修改及功能的完善，SWAT 模型已能够应用于水文学、环境学、气象学等诸多学科，且被集成到美国环保局（United States Environmental Protection Agency，USEPA）用于流域环境管理与规划的模型系统 BASINS（better assessment science integrating point and nonpoint sources）中。

SWAT 模型主要具有以下特点。

（1）物理机制明确：SWAT 模型利用流域的气候、土壤性质、地形、植被覆盖，以及土地利用等数据，可方便地模拟预测不同土地利用、管理方式及气候气象对水文、泥沙，以及水质的影响。

（2）输入数据相对简便易得：SWAT 模型计算所需的数据大部分能够从政府部门获得。

（3）计算效率高：不需要花费太多的时间和资金投入就可以完成较大流域的计算。

（4）可模拟研究长期影响。

（5）源代码公开：每作修改后就会公布新的源代码，最新的程序、源代码及程序文档可以在 ftp：//ftp.brc.tamus.edu 或 http：//www.brc.tamus.edu/swat 下载。极大方便了广大用户，也为模型的发展、完善奠定了基础。

值得注意的是，SWAT 模型是一个长期的连续模拟模型，可以从多个方面立体、完整地描述流域综合水文特征，但不适用于单一洪水过程的详细计算。

SWAT 模型主要依靠以下几个部分来完成对流域水文过程的计算：气象、水文、土地覆盖和植物生长、土壤侵蚀、营养成分、杀虫剂、河道汇流和水库汇流。模拟计算时考虑的水文过程为：降水、入渗、作物吸收水分、土壤水、渗漏、径流、补给等。具体计算时首先根据河网、地形和气象条件将流域系统划分为若干子流域，每一个子流域又

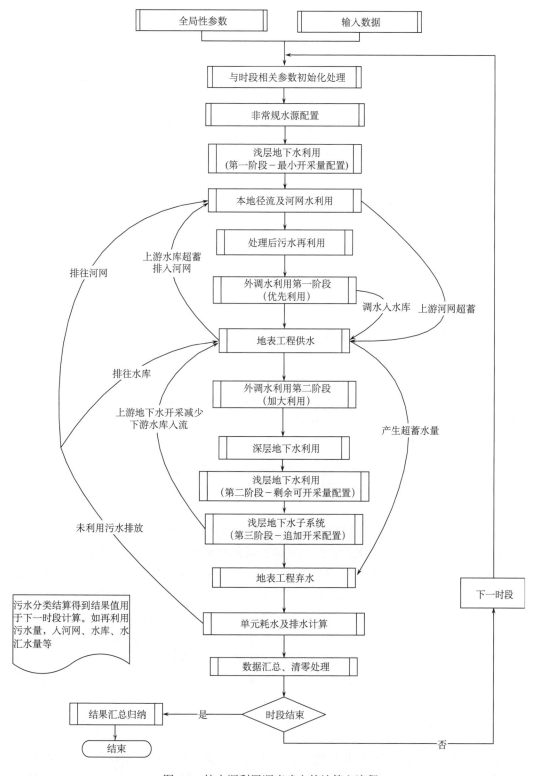

图 6.6 按水源利用顺序确定的计算主流程

可以根据土壤类型、土地利用方式、坡度和管理措施等进一步划分为若干水文响应单元。各子流域接受气象数据、水文响应单元、地下水运动数据、主河道（或河段）参数等输入信息，产生水、泥沙、营养物质的输出。各子流域互不发生联系，单独计算，计算时应用 SCS 模型模拟地表产流；应用马斯京根法模拟河道汇流；应用 MUSLE（modified universal soil loss equation）和 Bagnold 泥沙输移方程模拟流域泥沙负荷，然后由河网将这些子流域连接起来，通过河道演算得到在流域出口处的产水、产沙量与营养物质含量的变化。

（二）Modflow 模型

MODFLOW（modular three-dimensional finite-difference ground-water flow model）是三维有限差分地下水流模型的简称，是由美国地质调查局（U.S.Geological Survey）于 20世纪 80 年代开发出的一套专门用于孔隙介质中地下水流动数值模拟的软件。MODFLOW 因其合理的模型设计，自问世以来在全美及全世界范围内的科研、生产、环境保护、城乡发展规划、水资源利用等行业和部门得到了广泛的应用，成为最为普及的地下水运动数值模拟的计算机程序。

MODFLOW 包括一个主程序和一系列相对独立的子程序包，如水井子程序包、河流子程序包、蒸发子程序包、求解子程序包等。这种模块化结构使程序易于理解、修改和添加新的子程序包。目前已经有许多新的子程序包被开发出来，如模拟由于抽水引起地面沉降的子程序包；模拟水平流动障碍（horizontal flow-barrier）的子程序包等。这些新子程序包的加入，完善了 MODFLOW 的功能。

MODFLOW 模拟地下水运动的数学方程可用如下基本方程表示：

$$\frac{\partial}{\partial x}\left(K_{xx}\frac{\partial h}{\partial x}\right)+\frac{\partial}{\partial x}\left(K_{yy}\frac{\partial h}{\partial y}\right)+\frac{\partial}{\partial z}\left(K_{zz}\frac{\partial h}{\partial z}\right)-W=S_s\frac{\partial h}{\partial t} \tag{6.3}$$

式中，K_{xx}，K_{yy} 和 K_{zz} 为渗透系数在 x、y 和 z 方向上的分量。在这里，假定渗透系数的主轴方向与坐标轴方向一致，量纲为（LT-1）；h 为水头（L）；W 为单位体积流量（T-1），用以代表流进汇或来自源的水量；Ss 为孔隙介质的储水率（L-1）；t 为时间（T）。

MODFLOW 采用有限差分法求解数学模型，空间离散采用矩形网格剖分。时间上引入了应力期的概念，把整个模拟时段分成若干个应力期，每个应力期又分为若干个时段（time step），所有的外应力，如抽水量、蒸发量等保持为常数。通过对有限差分方程组的求解，可以得到每个时间段结束时的水头值。在迭代求解方法上提供了多种选择，包括强隐式法（SIP）、逐次超松弛迭代法（SSOR）、预调共轭梯度法（PCG2）等。每个模拟应包括三大循环：应力期循环、时间段循环及迭代求解循环。主程序的程序框见图6.7。

（三）模型耦合

配置模拟模型是对水循环供用耗排人工侧枝的集总式模拟，通常以月、旬为时间尺度，以行政分区、水资源分区为空间计算单元。水文模型描述水循环降水、入渗、产流、

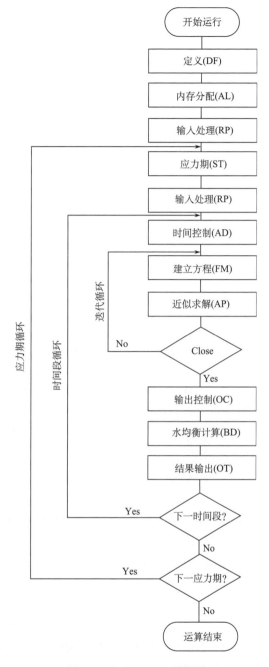

图 6.7　MODFLOW 总框图

蒸发天然途径的循环过程，时间尺度相对较小，空间尺度也有所不同，通常为子流域或更小的网格单元。为使水文模型生成对 ET 分配方案的反馈，需要研究水文模型与配置模拟模型的耦合问题。

　　为使配置模拟成果成为 SWAT 模型输入，重点需要在降水条件、农业用水与供水方案、城市引水与排水方案三方面进行时空展布。配置模拟方案所基于的来水条件通常是配置模型计算单元上一定保证率的年月降水，可采取一定的算法将其展布到与水文模型一致的空间网格和日的时间尺度上。对于农业用水与供水，方案的时空展布包括耕地面积、灌溉制度和供水方式等要素，其中灌溉制度又分为种植结构、供水量和灌溉定额的展布三方面。城市引、耗、排循环中，耗水为面上分布，引、排水一般为点状分布，由于用水需求在时程上较为稳定，引排过程在时间上也较为恒定，故时空展布较为简单，可根据调查的实际或经概化的引水口和排污口位置，将引排过程接入水文模型的河道计算中。分布式水文模型可计算得到选定配置方案下网格上或较小空间单元上各项水循环要素的演变过程，一方面可用于指导方案的实施、ET 的管理，另一方面将计算结果集总到与配置模型一致的时空尺度上，便可形成对配置方案 ET 控制效果以及其他生态环境目标的验证和反馈。

第三节　北京市水资源调配方案计算

一、北京市水源条件

（一）地表水水源

北京市地表水资源是根据区内选用水系内水文站数据，经还原并进行一致性修正后的年天然径流量，并按面积比或再经雨量修正，按各水系水资源分区计算：

（1）蓟运河。为计算市界内蓟运河山区、平原及全水系的地表水资源量，经过分析，采用桑园站与桑园-三河区间年径流系数的平均值作为市界内山区的径流系数，乘以相应雨量得到山区径流量；用桑园-三河区间年径流量减去山区径流量得到桑园-三河区间平原年径流量，再乘以市界内平原面积和桑园-三河区间平原面积比值得到市界内蓟运河平原径流量；市界内蓟运河径流量与山区的径流量之和为蓟运河全水系天然地表径流量。

（2）潮白河。潮白河选用 10 个水文站进行还原计算，分别是下堡、三道营、戴营、张家坟、柏崖厂、怀柔水库、口头、前辛庄、密云水库和苏庄站。在单站计算的基础上分别按山区和平原区计算潮白河的天然地表水资源系列。

（3）北运河。北京市境内北运河划分为 3 个区，即北运河山区、北运河平原和北运河全流域。先按山区、平原两大部分，分别计算分区径流，然后再计算全流域的天然径流量。北运河平原又分为通州站以上平原、通州站以下平原两个小区。

（4）永定河。市界内永定河流域按山区、平原分别计算天然径流量，山区又分为两部分，即妫水河部分和官厅山峡部分；平原区又分为市界内永定河干流和大小龙河。

（5）大清河。大清河流域分山区和平原区分别计算天然径流量，其中大清河山区又可分为张坊以上、漫水河以上和漫水河以下三个小部分。平原区径流量主要利用张坊、漫水河、落宝滩、东茨村四个水文站控制区间修正后天然年径流减去漫水河站以下山区天然径流量，再按面积比值折算成市界内相应流量。各分区径流量计算结果见表 6.3。

表 6.3　北京市流域分区 1956～2000 年系列平均天然径流量表

流域分区	地形	计算面积/km²	年径流量/亿 m³	年径流深/mm	年径流系数
蓟运河	山区	689	1.15	167.1	0.24
	平原	688	0.82	119.1	0.19
	合计	1377	1.97	143.1	0.21
潮白河	山区	4605	6.11	132.6	0.22
	平原	1083	1.03	94.9	0.15
	合计	5688	7.14	125.5	0.21
北运河	山区	1000	1.29	129.0	0.23
	平原	3348	3.52	105.1	0.18
	合计	4348	4.81	110.6	0.19
永定河	山区	2491	1.18	47.3	0.09
	平原	677	0.29	43.1	0.08
	合计	3168	1.47	46.4	0.09
大清河	山区	1615	1.87	115.7	0.19
	平原	604	0.47	78.0	0.13
	合计	2219	2.34	105.4	0.18
全市	山区	10400	11.59	111.5	0.19
	平原	6400	6.13	95.8	0.16
	合计	16800	17.72	105.5	0.18

（二）地下水水源

地下水可开采量是在一定的技术、经济条件下，可开采利用的地下水资源量，也称为地下水可供水量。地下水含水层可视为地下水库，具备多年调节作用，在枯水年可承受一定限度超采量开采动用部分储存量，并在丰水年得到补充恢复。所以，在现有水利设施条件下，地下水可采资源量为多年平均补给量扣除其自然消耗量。地下水补给量的自然消耗包括地下水溢出量、潜水自然蒸发量、地下水径流侧向流出量等。

在北京市 40 亿 m³ 总供水中，地下水资源是主要水源，占总供水的 65% 左右。但是地下水资源在近 20 年内出现了严重的生态问题，不仅水资源量出现了平均亏损 2.2 亿 m³ 的局面，在地下水水质、地质方面也出现了一系列不易恢复的后果，因此合理确定地下水可开采量，控制地下水的过度利用是十分必要的，以实现水资源的可持续利用。为此，确定地下水可开采量的原则是：

（1）可持续利用原则。在不引起生态环境恶化的条件下确定地下水可开采量，多年情况下，地下水可开采量应是可恢复的资源量。

（2）分阶段原则。在 2010 年南水北调中线工程实施之前，一般降水年份基本维持现状开采水平，在枯水年份可适当超采地下水，丰水年份适当减少地下水开采；在南水北调中线工程通水后，要以努力恢复、涵养地下水为基本目标，在连续枯水年份，控制地下水开采，以确保地下水不进一步恶化。

北京市地下水资源规划中采用水均衡原理进行计算确定全市地下水可采资源量。由于水资源紧张,确定地下水可开采量时仅考虑了各种入渗补给,未考虑对已存在的地下水超采进行补偿。北京市平原区、山间盆地、山区可开采量评价如下:

（1）北京市平原区总面积 6400km²，地下水总补给量为 228684 万 m³，总排泄量为 256386 万 m³，总排泄量中实际开采量为 242038 万 m³，潜水蒸发量为 8871 万 m³，河道排泄量与出境水量为 5477 万 m³。1980～2000 年年平均地下水亏损量为 21886 万 m³，同时考虑目前河道径流逐渐减少，主要河道永定河、潮白河断流，径流多以集中在汛期以洪水形式出境，平原区地下水可开采量确定为 213200 万 m³。

（2）北京市延庆山间盆地面积 496km，地下水总补给量为 13939 万 m³，总排泄量为 11190 万 m³，总排泄量中实际开采量为 6362 万 m³，潜水蒸发量为 328 万 m³，河道排泄量与出境水量为 4500 万 m³。1980～2000 年地下水采补基本平衡，综合考虑开采条件与补排关系等因素，山间盆地地下水可开采量确定为 9000 万 m³。

（3）北京市山区总面积 9904km²，地下水总资源量即总排泄量为 109468 万 m³，山区实际开采量为 13941 万 m³，综合考虑开采条件与补排关系等因素，山区地下水可开采量确认为 17800 万 m³。

综合以上情况，北京市总面积为 16800km²,实际平均开采量为 26.23 亿 m³。综合考虑开采条件和补排关系等因素，全市地下水可开采量确定为 240000 万 m³。

在确定全市地下水总可开采量的基础上，根据地下水均衡分析和可开采量评价原则，分别确定各区县地下水可开采量。

各区县中市区可开采量最大，为 55300 万 m³，可开采模数为 44.7 万 m³/（km²·a），门头沟区可开采量最小，为 1700 万 m³，可开采模数为 1.3 万 m³/（km²·a）。具体可开采量见表 6.4。

表 6.4 北京市各区县地下水可开采量及模数表

区县	面积 /km²	可开采量/（万 m³/a）			可开采模数 /［万 m³/（km²·a）］
		山区	平原区	小计	
市区	1236	1300	54000	55300	44.7
门头沟	1331	1200	500	1700	1.3
昌平	1430	1200	17200	18400	12.9
大兴	1013	0	23000	23000	22.7
顺义	1068	0	42000	42000	39.3
怀柔	2557	3100	7200	10300	4.0
密云	2335	3000	6300	9300	4.0
平谷	1075	3000	20000	23000	21.4
通州	909	0	19000	19000	20.9
延庆	1980	1000	9000	10000	5.1
房山	1866	4000	24000	28000	15.0
合计	16800	17800	222200	240000	14.3

（三）南水北调水

南水北调中线北京市调水量根据北京市需调水量、其他省市需调水量和丹江口水库可供水量相互协调确定，本次规划采用的南水北调调水量，分为取水口的毛调水量和北京市入境的净调水量。根据水利部长江水利委员会 2002 年 6 月完成的《南水北调中线一期工程项目建议书》成果，2010 年中线一期多年平均北调水量为 95 亿 m³，考虑损失后，净供水量为 85 亿 m³。具体调水成果如表 6.5 所示。

表 6.5　南水北调中线工程 2010 年各省调水量　　　　（单位：亿 m³）

分项	总调水量	河南	河北	天津	北京
陶岔引水（毛）	94.93	37.69	34.70	10.15	12.38
分水口门（净）	85.30	35.76	30.39	8.63	10.52

2002 年 8 月，国务院第 137 次总理办公会议，审议并原则同意国家计委、水利部《南水北调工程总体规划》中确定受水区分水方案，我市分配调水量 10.52 亿 m³。

根据水利部长江水利委员会 2001 年 10 月完成的《南水北调中线工程规划》成果，2030年规划中线工程的调水规模为 120 亿～130 亿 m³，其中北京市的净调水量为 14 亿 m³。

（四）其他水源

北京市作为水资源严重缺乏的地区，再生水成为很重要的新水源，同时，污水处理也能够解决环境污染的问题，这使得污水处理和再生水回用越来越受到重视。

对城市污水处理后的利用，早在 20 世纪 30 年代就已经开始了，1932 年美国在加利福尼亚州的旧金山，建立了世界上第一个污水处理后用于公园湖泊观赏用水的回收工厂。到 1977 年，美国有 357 个城市实现了污水处理后再利用，其中回用于农业占 58.3%，回用于工业占 40.5%。日本除了发展城市再生水回用工程，还从 1977 年开始实行农村污水处理计划，已建成 2000 多个污水处理厂，处理后的污水水质稳定，多数引入农田进行灌溉。以色列有 91% 的工业和生活污水由下水道收集，57% 的污水经过了净化处理后用于农业灌溉。目前，以色列每年大约有 3 亿 m³ 处理后的净化水用于农业灌溉，占总用水量的 1/6，其中再生水总量的 46% 直接回用于灌溉，其余 33.3% 和 20% 分别回灌于地下或排入河道。

北京市政府也较早的进行了污水处理和对再生水的回用，1986 年北京市政府就做出规定：建筑面积在 2 万 m² 以上的旅馆、饭店、公寓及建筑面积在 3 万 m² 以上机关、科研、大专院校、大型文化、体育等建筑，应配套建设回用设施。

2000 年北京市污水排放总量为 13.55 亿 m³，其中工业废水 5.79 亿 m³，占区污水总量的 42.7%；生活污水 7.76 亿 m³，占市区污水总量的 57.3%。

目前北京市的污水处理设施有三种形式，一是城市集中污水处理厂，负责处理城市污水；二是工业企业内的污水处理设施，负责厂区内工业废水的处理，使工业废水达到排放标准后排入市政污水管道，部分企业对处理后的污水进行了回收利用；三是在大型宾馆饭店、大专院校和机关建有一部分中水设施，将其产生的生活污水处理后回用，一些医院、科研单位将其产生污水处理后排入市政污水管道。

目前北京已建污水处理厂 38 座，总污水处理能力达到 247 万 m^3/d。市区污水处理能力达到了 56%。

北京市污水处理及再生水利用主要有以下思路：

（1）首先做好污水处理厂规划，根据北京市水环境综合整治目标和未来再生水利用方向，确定污水处理厂的规模、处理深度和工程布局，在解决水环境污染问题的同时，为再生水的利用创造必要条件。

（2）利用再生水是缓解北京市水资源短缺的一项战略措施。按照"优水多用、一说多用、重复利用"的原则，将污水处理厂深度处理的中水优先用于绿化、河湖环境和市政杂用，位于城市下游的农业灌溉用水要优先使用处理后的城市污水。

（3）再生水利用要符合国家和北京市有关的水质标准与规范，注意到对作物品质的影响。在保证人体健康不受到威胁的前提下，尽可能将污水的处理与回用相结合，逐步提高污水再生回用水平。

（4）按照"长远规划、分期实施"的原则编制中水回用规划，并逐步推进污水再生回用的过程。中水用户的选择按照"先近后远、先易后难"的原则，逐步扩大中水的用户和数量。充分发挥再生水的社会、经济效益。

根据《北京市水资源综合规划》及《北京市郊区再生水综合利用总体规划》，北京市规划市区将新建、扩建 16 座污水处理厂，污水处理能力达到 335 万 t/d，污水处理率达到 90% 以上。北京市将新建 55 座污水处理厂，污水处理能力达到 92.95 万 t/d。

未来规划水平年，北京市市区污水再生水主要回用于河湖景观、城市绿化、建筑冲厕用水、道路浇洒及降尘用水、工业用水五个方面，剩余二级出水作为农业灌溉用水。具体用水量见表 6.6。

表 6.6　规划市区规划水平年再生水利用量　　　　　　（单位：亿 m^3）

用水项	2010 年	2020 年	2030 年
环境	0.86	1.96	2.58
生活工业	0.74	1.44	2.42
农业	2.6	2.6	2.6
合计	4.2	6	7.6

郊区再生水污水回用总体思路是以农业灌溉为主，市政杂用、河道生态回补为辅，为保障上游地下水与地表水资源的水质安全，计划在上游水资源保护区内污水处理厂二级处理设施的基础上增加三级处理设施，主要用于市政杂用与河道生态回补。具体用水见表 6.7。

表 6.7 郊区规划水平年再生水利用量 （单位：亿 m³）

用水项	2010 年	2020 年	2030 年
农业灌溉	4.0	5.2	9.5
市政杂用	0.1	0.56	1.0
河道生态回补	0.31	0.70	2.0
合计	4.4	6.46	12.5

二、北京市水资源调配系统网络概化图

为进行北京市供需分析计算，需要根据北京市水源和用水户等实际情况确定水文模型供需网络图（或称系统节点网络图）。模型供需网络图除包括以基本计算分区和城市构成的用水节点外，还包括以水库（湖泊）、河流分水工程、调水工程、入流节点等组成水源节点；以渠系作为供水网络形成的地表水供水系统，按供水网络考虑输水损失；以降水入渗、山前侧渗、河道渗漏、库塘渗漏、渠系渗漏、渠灌田间入渗、井灌回归、人工回灌及越流补给等形成地下水供水系统。此外还包括当地水资源的开发潜力（包括中小型水库、塘坝等，按 50%、75% 和 95% 不同降水频率给出）、污水处理再利用、集雨工程利用、海水利用等组成其他供水方式。在上述供水中，地下水供水系统和其他供水方式仅在计算分区内考虑。这样将计算分区与地表水之间按地理关系和水力联系相互连结后就形成北京市的系统节点网络图。在系统节点网络图中，对于某一个计算分区，可能有若干个供水工程供水，也可能由一个水源向几个计算分区供水；计算分区相互之间有来水和退水关系，供水工程之间有上下游关系。

根据北京市实际情况，以及北京市海河 GEF 项目的相关需求，确定的北京市水资源系统节点网络图（图 6.8）包括 11 个计算分区：怀柔区、延庆县、密云县、昌平区、平谷区、门头沟区、顺义区、大兴区、房山区、通州区和市区；5 个水库：密云水库、官厅水库、怀柔水库、白河堡水库和海子水库；两条引水渠：京密引水渠和永定河引水渠；一条外调水线路：南水北调中线；5 条河流：蓟运河、潮白河、北运河、永定河和大清河；5 个入境节点；5 个出境节点和 8 个重要的水闸。

三、北京市可消耗蒸散分析

ET 管理是 GEF 海河管理项目主要的水资源管理理念，是实现真实节水、提高水资源管理能力和水平的主要手段，其主要成果将为区域种植结构调整、水土资源管理等提供科学的决策依据。

分析蒸发蒸腾对于北京市水资源可持续利用决策分析具有特别重要的意义。它不仅通过改变土壤的前期含水率直接影响产流，也是生态用水和农业节水等应用研究的重要着眼点。

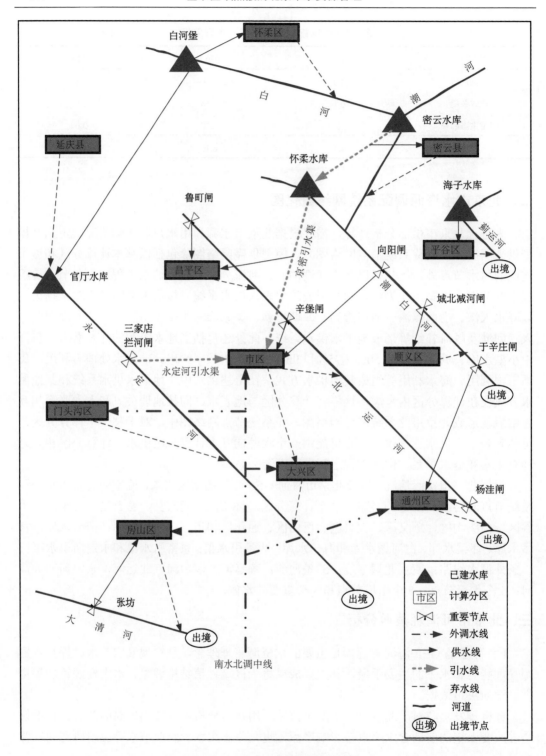

图 6.8　北京市水资源配置概化图

（一）历年降水量变化分析

根据全市降水量计算成果，1980～2000 年平均降水为 543.6mm，比 1956～1979 年平均值 620.6mm 减少了 12.4%，比多年系列（1956～2000 年）平均值 584.7mm 减少了7.0%。1999 年以来，北京市遭遇特大干旱，1999～2003 年，北京市连续 4 年降水不足485mm，是枯水年份，其中 1 年不足 380mm，是特枯年份。连续数年的降水减少造成地表水锐减，地下水连年亏损，水位不断下降，水资源短缺形势严峻。

北京市历年降水量数据如表 6.8 和图 6.9 所示。

表 6.8　北京市历年降水量

年份	降水量/亿 m³	降水深/mm
1956	160.2	953.8
1957	86	511.6
1958	126.5	753.2
1959	157.1	935.2
1960	85.4	508
1961	86.1	512.7
1962	78.8	469.1
1963	100	595.2
1964	134	797.9
1965	64.5	383.9
1966	98.4	585.7
1967	116.2	691.4
1968	80.5	479.1
1969	133.9	796.8
1970	96.1	572.3
1971	82.9	493.4
1972	72.8	433.1
1973	129.7	772.2
1974	100.1	596
1975	65.1	387.6
1976	106.1	631.4
1977	120.2	715.4
1978	112.2	668
1979	109.5	652
1980	65.1	387.3
1981	72.8	433.5
1982	98.3	585.1

年份	降水量/亿 m³	降水深/mm
1983	78.2	465.5
1984	74.3	442.1
1985	102.7	611.2
1986	94.1	560.3
1987	111.3	662.6
1988	99.1	589.9
1989	80.6	480
1990	112.1	667
1991	110	655
1992	82.5	491
1993	71.1	423
1994	121.6	724
1995	100.1	596
1996	110.2	656
1997	68.88	410
1998	115.25	686
1999	62.7	373
2000	73.6	438
2001	77.68	462.4
2002	69.38	413
2003	76.1	453

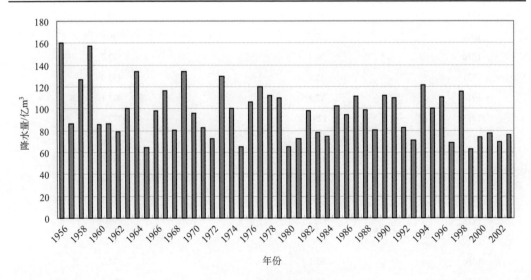

图 6.9 北京市降水量分析

（二）历年出入境水量变化分析

北京市历年出入境水量见表 6.9。北京市境内有五大水系，除北运河发源于本市以外，永定河、潮白河、蓟运河和拒马河均为入境河流；永定河、北运河、潮白河、蓟运河四条河流排出境外，流入河北和天津。1956~2000 年多年平均入境水量为 16.1 亿 m^3，1961~2000 年多年平均出境水量为 15.4 亿 m^3。

表 6.9　历年出入境水量

年份	入境水量/亿 m^3	出境水量/亿 m^3
1956	44.76	93.96
1957	27.49	44.28
1958	30.27	61.31
1959	49.50	78.93
1960	22.94	28.32
1961	20.95	22.84
1962	21.68	27.55
1963	15.50	19.47
1964	32.28	33.46
1965	15.29	21.89
1966	16.40	20.36
1967	26.93	25.78
1968	16.56	19.49
1969	23.40	25.93
1970	17.50	27.00
1971	12.95	15.15
1972	8.96	7.26
1973	23.69	14.21
1974	27.14	25.94
1975	10.78	13.83
1976	14.10	23.53
1977	13.58	21.91
1978	19.40	20.48
1979	25.60	25.09
1980	13.01	9.62
1981	9.04	3.20
1982	15.32	3.87
1983	9.54	3.26
1984	5.81	3.83

续表

年份	入境水量/亿 m³	出境水量/亿 m³
1985	7.33	7.42
1986	9.77	7.92
1987	8.93	9.56
1988	7.90	15.14
1989	4.47	5.84
1990	9.24	8.46
1991	10.73	16.53
1992	9.09	6.15
1993	5.72	5.21
1994	11.59	19.33
1995	12.87	17.10
1996	16.51	25.37
1997	6.73	13.39
1998	11.65	17.45
1999	4.30	9.42
2000	4.49	6.05
2001	5.29	7.35
2002	2.6	6.24
2003	4.18	7.91

　　在北京市降水量下降导致本地水源减少的同时,外地入境水量也逐年减少(图6.10)。1999年以来,干旱涉及整个华北地区,上游降水量的减少和用水量的增加,导致官厅、密云两大水库来水量的急剧减少。官厅水库年平均来水量由20世纪50年代的19.3亿m³锐减到90年代的4.0亿m³。密云水库的来水量80～90年代比60～70年代平均减少

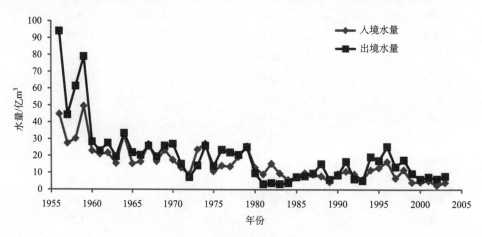

图 6.10　历年出入境水量对比

4 亿 m³ 左右。2003 年，密云水库和官厅水库来水分别仅为 2.45 亿 m³（包括密云水库收白河堡水库补水 0.64 亿 m³）和 1.33 亿 m³（包括官厅水库收册田水库补水 0.33 亿 m³）。目前北京市入境水量连年降低，到达底谷，出境水量虽然也相应减少，但始终大于入境水量，目前从 1988～2000 年多年平均入流为 10.51 亿 m³，而多年平均出境为 15.54 亿 m³，这也是北京市水资源短缺的原因之一。

（三）历年可消耗蒸散分析

根据水均衡方程，年内水均衡的理想状态下，可消耗 ET 为入境水量（包括当地降水量与外来水量）与出境水量之差，如表 6.10 和图 6.11 所示。

表 6.10 水均衡状态下历年可消耗 ET 值

年份	降水量	入境水量	出境水量	可消耗 ET	ET/mm
	（1）	（2）	（3）	（4）=（1）+（2）-（3）	（5）=（4）/A
1956	160.2	44.76	93.96	111.00	661
1957	86	27.49	44.28	69.21	412
1958	126.5	30.27	61.31	95.46	568
1959	157.1	49.50	78.93	127.67	760
1960	85.4	22.94	28.32	80.02	476
1961	86.1	20.95	22.84	84.21	501
1962	78.8	21.68	27.55	72.93	434
1963	100	15.50	19.47	96.03	572
1964	134	32.28	33.46	132.82	791
1965	64.5	15.29	21.89	57.90	345
1966	98.4	16.40	20.36	94.44	562
1967	116.2	26.93	25.78	117.35	699
1968	80.5	16.56	19.49	77.57	462
1969	133.9	23.40	25.93	131.37	782
1970	96.1	17.50	27.00	86.60	515
1971	82.9	12.95	15.15	80.70	480
1972	72.8	8.96	7.26	74.50	443
1973	129.7	23.69	14.21	139.18	828
1974	100.1	27.14	25.94	101.30	603
1975	65.1	10.78	13.83	62.05	369
1976	106.1	14.10	23.53	96.67	575
1977	120.2	13.58	21.91	111.87	666
1978	112.2	19.40	20.48	111.12	661
1979	109.5	25.60	25.09	110.01	655
1980	65.1	13.01	9.62	68.49	408

续表

年份	降水量	入境水量	出境水量	可消耗 ET	ET/mm
	（1）	（2）	（3）	（4）=（1）+（2）-（3）	（5）=（4）/A
1981	72.8	9.04	3.20	78.64	468
1982	98.3	15.32	3.87	109.75	653
1983	78.2	9.54	3.26	84.48	503
1984	74.3	5.81	3.83	76.28	454
1985	102.7	7.33	7.42	102.61	611
1986	94.1	9.77	7.92	95.95	571
1987	111.3	8.93	9.56	110.67	659
1988	99.1	7.90	15.14	91.86	547
1989	80.6	4.47	5.84	79.23	472
1990	112.1	9.24	8.46	112.88	672
1991	110	10.73	16.53	104.20	620
1992	82.5	9.09	6.15	85.44	509
1993	71.1	5.72	5.21	71.61	426
1994	121.6	11.59	19.33	113.86	678
1995	100.1	12.87	17.10	95.87	571
1996	110.2	16.51	25.37	101.34	603
1997	68.88	6.73	13.39	62.22	370
1998	115.25	11.65	17.45	109.45	652
1999	62.7	4.30	9.42	57.58	343
2000	73.6	4.49	6.05	72.04	429
2001	77.68	5.29	7.35	75.62	450
2002	69.38	2.6	6.24	65.74	391
2003	76.1	4.18	7.91	72.37	431

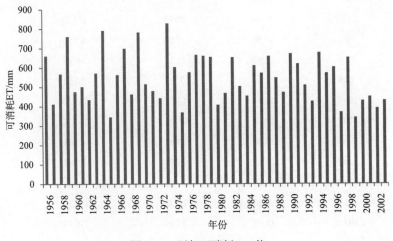

图 6.11　历年可消耗 ET 值

北京市历年出入境水量基本持平，可消耗 ET 与当地降水量密切相关。考虑北京市上游入境水量逐年递减的趋势，以及北京市深度开发雨洪水的新水源规划，并考虑为下游省市留有发展的空间，假定未来规划水平年北京市将继续保持与入境水量相同的出境水量。为保证不出现负均衡状态，可消耗 ET 不能超出当地降水量。

不同保证率的降水量与最大可消耗 ET 值如表 6.11 所示。

表 6.11 不同保证率的降水量与最大可消耗 ET 值

保证率/%	50	75	95
降水量	94.51	80.22	61.54
最大可消耗 ET	94.51	80.22	61.54

四、北京市水资源调配边界条件分析

根据不同水平年的 ET 定额、水资源保护，以及供水预测等部分工作的成果，以供水预测的"零方案"和 ET 定额的基本方案相结合作为方案集的下限；以供水预测的高方案和 ET 定额的强化节水方案相结合作为方案集的上限。方案集上、下限之间为方案集的可行域。

水资源配置方案是在综合考虑经济社会发展指标、生产力布局、节水措施、水价影响下的 ET 分配方案，现状水利工程供水能力、污水处理与回用、开源工程、其他非常规水源的供水方案，以及通过管理措施、调度规则设置、水资源利用与分配原则和其他约束条件等形成的管理调度措施方案的基础上，通过配置模型进行多种供需组合并进行有效筛选方案计算给出的。

在 ET 方面，通过调整产业结构、生产力布局、建设节水型社会，达到控制 ET 增长、适应较为不利的水资源条件的目的。ET 调控在现实中有一定可行范围，且不同的调节控制程度需付出相应的代价。分析计算中的难点，实现 ET 定额与节水方案的动态连接。

在供水方面，通过修建和维护水利工程来改变水资源的天然时空分布以适应社会生产的需水要求，提高水资源的开发利用程度；亦可通过加强用水管理，协调各项竞争性用水，以及变换各种水源的联合供水策略，做到一水多用，提高水的利用效率和效益，其中修建水利工程的代价较大。分析计算中的难点，在于如何识别节水强度对可供水量的反馈影响。

在管理调度方面，要明确水源利用原则及优先序、用水户优先序、水资源调度规则，以及对河道内用水约束、水源利用比例等，结合计算方法给出相应的参数。

（一）南水北调工程参数设置

南水北调中线作为北京市水资源开发利用的重要工程，将从资源性角度缓解水资源不足。本次研究根据以往各部门对南水北调工程的可行性研究，只计调入水资源量变化对北京市社会经济产生的影响。

在研究中考虑了两种对比情景：一种情况是由于南水北调工程建设延迟等原因，只能部分实现计划调水；另一种方案是按南水北调工程规划调水，2010 年调水 10.5 亿 m³，2020 年调水 10.5 亿 m³，2030 年来水 14 亿 m³，即有南水北调来水条件；在前两种方案的基础上，考虑到 2010 年南水北调中线工程通水后，河南、河北等受水区配套工程尚未完全建好，而北京已经建好配套工程，可以在 2010 年多用一些南水北调的水量，以回补地下水，置换地表水，部分恢复北京市生态，2010 年调水 12 亿 m³，2020 年 10.5 亿 m³，2030 年来水 14 亿 m³，如表 6.12 所示。

表 6.12　南水北调引水量设定　　　　　　　　　（单位：亿 m³）

	规划水平年	部分来水	规划调水	增加调水量
	2010	5.290	10.5	12
引水量	2020	10.510	10.5	10.5
	2030	14.000	14	14

（二）地下水超采参数设置

地下水位持续下降，不仅造成地质灾害、土地沙化等问题，严重的是这种水资源利用方式将造成地下水静储量的减少乃至枯竭，使系统抗御风险能力降低。

限制地下水开采的基本方案是以 2000 年的水资源利用调查数据为基础，根据可持续发展原则以及流域的实际用水状况，拟定逐步削减地下水超采量，最终在南水北调中线通水后基本达到采补平衡，以确保社会经济结构的平稳过渡；另外一种方案是从 2010 年以后开始立即停止地下水超采，以观察其对流域经济发展的影响。两种基本措施设定各规划年地下水超采的最大限度数值，见表 6.13。为对照分析，将维持地下水超采在 2000 年水平不变作为此边界条件的另一种状况，以揭示当今北京社会经济发展与牺牲环境代价的关系。二元核心模型采用海河水资源综合规划数据，超采量偏大。

表 6.13　地下水超采的最大限度参数设定　　　　　　（单位：亿 m³）

逐步减少超采					
年份	2000	2010	2015	2020	2025	2030
超采量	2.3	1.2	0.6	0	0	0
南水北调中线通水后停止超采					
年份	2000	2010	2015	2020	2025	2030
超采量	2.3	0	0	0	0	0
按二元核心模型结果					
年份	2000	2010	2015	2020	2025	2030
超采量	6.15	3.197	1.6	0	0	0

（三）出入境水量设定

北京市出入境水量与可消耗 ET 有着直接的关系，从北京市自身用水来说，入境水量大，出境水量小是最有利的，但出入境水量涉及上下游之间的关系，同上游地区的用水也有关系，应该根据海河流域的水资源总体规划来确定。从北京市出入境多年平均水量来看，北京市出境水量大于入境水量，这虽然减小了北京市可消耗 ET，但增加了下游地区的用水和 ET 消耗，也有利于海河流域入海水量的增加。

项目组在研究中考虑了三种情景（表 6.14）：①基于 1956～2005 年历史数据的出入境水量；②出入境水量持平；③设定一定出境水量。其中，1956～2005 年平均入境水量为 14.192 亿 m³，平均出境水量为 19.659 亿 m³，而 1980 年以后平均入境水量为 8.028 亿 m³，平均出境水量为 9.821 亿 m³，可见，随着上游地区用水的增加和北京市用水的增加，出境和入境水量都大为减少，这对于海河项目的入渤海水量要求是非常不利的。从政治和经济方面来说，北京市多用水量对海河整个流域的社会经济产出是有优势的，符合用水高效性的原则，但用水的公平性则有所下降。第三个情景，则是考虑了海河入渤海水量的要求，海河流域地表径流约为 165 亿 m³，理想入海水量为地表径流量的 1/3，即 55 亿 m³。但目前海河流域入海水量只有 24.8 亿 m³，近期要达到 55 亿 m³ 的入海水量目标有较大的困难，南水北调来水后，入海水量达到 37.5 亿 m³ 是相对可行的方案。综合考虑到北京市水资源量占海河流域总水资源量的关系，以及多年平均出入境水量等因素，北京市自产水量纯出境应达到 3.02 亿 m³，接近 25 年历史入境水量（8.028 亿 m³），出境水量应达到 11.048 亿 m³。

表 6.14　出入境水量设定　　　　　　　　　　　　（单位：亿 m³）

	入境水量	出境水量	出入境水量差
50 年平均	14.192	19.659	5.467
25 年平均	8.028	9.821	1.793
按入渤海水量需求	8.028	11.048	3.02

（四）入河污染物排放设定

按照 GEF 项目总体目标，在有效减少海河流域地下水超采的同时，还要减少流域内的入河污染物。

北京市污水下泄出境后，将直接流入天津水域，北京市入河污染物的控制，不仅涉及自身的饮用水安全，同时也会给下游地区带来重要影响。对入河污染物的控制是实现海河流域水资源可持续发展的重要措施，根据 GEF 海河项目的总体目标，入河污染物超标部分应逐渐削减，最终实现达标排放。

项目组根据 2000 年北京市入河污染物排放总量，根据可持续发展原则及流域的实际用水状况，拟定快速削减方案，最终在 2020 年实现入河污染物达标排放（第一种情景）；另外一种情景为从 2030 年实现入河污染物达标排放。详细设定方案见表 6.15。

表 6.15　入河污染物排放削减设定

	2010 年	2020 年	2030 年
快速削减	削减 50% 超标排放	达标排放	达标排放
逐步削减	削减 25% 超标排放	削减 80% 超标排放	达标排放

（五）水文系列

水文循环包括水分的蒸发、水汽输送、降水、下渗、径流等过程，降水很大程度上决定着流域或区域的水资源量。确定区域的水资源量是水资源配置的基础工作，采用 50 年长系列水文数据和近 25 年水文数据分别代表了不同的来水情况，前者反映长系列平均水资源量，后者则反映近期的水文情势。

北京市 50 年长系列多年平均降水量为 96.25 亿 m³，25 年系列多年平均降水量为 89.799 亿 m³，反映出近 25 年北京市处于相对枯水期，这与海河流域和北京市的实际情况相符合。同时，由于北京市上游来水减少，整个北京市的水资源量也呈下降趋势。

五、北京市水资源调配情景设置

海河 GEF 项目战略研究的情景条件需要参考其他战略研究的相关成果，属于外生变量，而各情景下的边界条件则属于内生变量。项目组针对北京市水资源开发利用现状，考虑到各个情景条件的变化，按照对北京市不利到有利的顺序，分别组合，形成不同情景，情景具体设置如表 6.16 所示。

表 6.16　情景条件设置

	南水北调来水量	污染控制	地下水超采	出入境水量	水文系列
情景 1	50% 规划来水	逐步削减	按二元模型设置	25 年平均	25 年
情景 2	50% 规划来水	逐步削减	按二元模型设置	50 年平均	50 年
情景 3	按规划调水	快速削减	2010 年停止超采	按入渤海水量需求	25 年
情景 4	按规划调水	逐步削减	逐步停止超采	按入渤海水量需求	25 年
情景 5	增加调水量	逐步削减	逐步停止超采	按入渤海水量需求	25 年
情景 6	增加调水量	逐步削减	逐步停止超采	25 年平均	25 年

其中情景 1 和情景 2 对应海河 GEF 二元核心模型相关结果，情景条件设置与二元核心模型保持一致，情景 3 至情景 6 则主要采用北京市水资源综合规划数据，以北京市相关标准为主。

情景 1 采用 25 年系列水文数据，情景 2 采用 50 年长系列水文数据，根据海河流域专家和北京市专家的意见，50 年水文数据由于系列年较长，水资源数据比较乐观，反映不出目前北京市水资源紧缺的现状，而近 25 年水文数据则更具有代表性，建议主要以近 25 年数据为基础进行分析计算，为北京市水资源配置提供数据基础。根据以上专家的意见，情景 3 至情景 6 主要以近 25 年系列水文数据为基础，出境水量考虑到海河入海水量的总体需求，按照海河入海水量规划要求设定。

六、北京市调配情景蒸散控制目标

各情景条件确定后，可基于水量平衡原理，计算北京市各情景下的 ET 控制目标。计算公式为：流域可耗水量＝降水量＋入境－出境＋南水北调来水。若考虑实际用水需求，在允许超采地下水的前提下，流域 ET 控制目标（ET_{max}）可提高到：ET_{max}＝ 降水量＋入境－出境＋南水北调来水+允许超采量。按照上述思路，计算各个情景下的流域可耗水量或考虑一定超采量后的 ET 最大控制目标值，列于表 6.17 中。

表 6.17 各情景 ET 控制目标 （单位：亿 m^3）

情景编号	水平年	降水	入境	出境	超采	中线调水	ET 控制目标
S1	2010	89.799	8.028	9.821	3.197	5.290	96.493
	2020	89.799	8.028	9.821	0.000	10.510	98.516
	2030	89.799	8.028	9.821	0.000	14.000	102.006
S2	2010	96.25	14.192	19.659	3.197	5.290	99.270
	2020	96.25	14.192	19.659	0.000	10.510	101.293
	2030	96.25	14.192	19.659	0.000	14.000	104.783
S3	2010	89.799	8.028	11.048	0.000	10.580	97.359
	2020	89.799	8.028	11.048	0.000	10.580	97.359
	2030	89.799	8.028	11.048	0.000	14.000	100.779
S4	2010	89.799	8.028	11.048	2.300	10.580	99.659
	2020	89.799	8.028	11.048	0.000	10.580	97.359
	2030	89.799	8.028	11.048	0.000	14.000	100.779
S5	2010	89.799	8.028	11.048	2.300	12.000	101.079
	2020	89.799	8.028	11.048	0.000	10.580	97.359
	2030	89.799	8.028	11.048	0.000	14.000	100.779
S6	2010	89.799	8.028	9.821	2.300	12.000	102.306
	2020	89.799	8.028	9.821	0.000	10.580	98.586
	2030	89.799	8.028	9.821	0.000	14.000	102.006

图 6.12 对北京市未来规划水平年各情景的 ET 控制目标进行了比较。从图中可以看出，2010 年 ET 控制目标从大到小依次为情景 6、情景 5、情景 4、情景 2、情景 3、情景 1，2020 年 ET 控制目标从大到小依次为情景 2、情景 6、情景 1、情景 3、情景 4、情景 5（其中后面 3 种情景的 ET 控制目标相同），2030 年 ET 控制目标从大到小依次为情景 2、情景 6、情景 1、情景 3、情景 4、情景 5（其中情景 6 与情景 1 的 ET 控制目标相同，后面 3 种情景的 ET 控制目标相同）。其中，各个水平年情景 2 的 ET 控制目标均高于情景 1，这是由于所采用的水文系列不同导致。情景 2 以 50 年长系列水文数据为基础，

虽然增加了北京市的出入境水量，但其多年平均降水系列也大于情景 1，北京市的 ET 控制目标也明显增大。

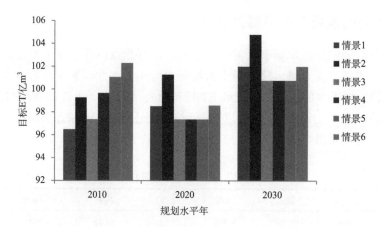

图 6.12　北京市各情景未来规划水平年 ET 控制目标比较

北京市综合 ET 由自然 ET 和社会经济 ET 组成，其中社会经济 ET 是由人类社会水循环过程而产生的 ET 消耗，如农田灌溉、工业用水，城市景观用水等，其他由自然水循环过程产生的 ET 消耗为自然 ET。

社会经济 ET 伴随着人类社会水循环过程，是人类用水和耗水活动的直接反应，控制社会经济 ET 的消耗，也就直接控制了人类社会用水和耗水的总量。自然 ET 是非人类用水过程的体现，考虑到自然环境变化缓慢，在一定时期内，可以假定忽略自然环境的变化，而自然 ET 消耗也可看作是在一定范围内有规律变化的。目前认为自然 ET 主要受降水、气温和地表植被覆盖类型等因素变化的影响，考虑到多年内气温和地表植被类型的变化幅度较小，自然 ET 受降水变化影响较大。

为了确定北京市自然 ET 控制目标，项目组通过历史水文数据及人类活动耗水数据，反推出 50% 的年份北京市自然 ET 目标，并结合卫星遥感 ET 和 SWAT 自然水循环过程反演，计算出 50 年水文系列和近 25 年水文系列北京市自然 ET，详细数据见表 6.18。

表 6.18　北京市自然 ET　　　　　　　　（单位：亿 m³）

区县	近 25 年	50 年
市区	5.68	6.12
昌平区	5.80	6.03
顺义区	5.03	5.19
门头沟区	4.93	5.16
房山区	8.30	8.78
平谷区	4.70	4.34
怀柔区	9.51	9.09
密云县	11.52	10.66

续表

区县	近 25 年	50 年
延庆县	7.92	8.05
通州区	4.27	4.74
大兴区	4.81	5.31
合计	72.46	73.46

七、北京市水资源调配方案主要计算结果

北京市水资源调配方案结果主要分以下几块，各区县规划水平年各行业 ET 配置、各区县规划水平年各行业用水量分配、各情景水源供水结构等。

（一）各情景社会经济蒸散配置

根据规划水平年的 ET 控制目标，水资源调配模型可计算不同情景下北京市各区县分行业 ET 控制目标。其中，城市生活 ET 和农村生活 ET 的制定参考了海河流域水资源综合规划的生活用水定额标准；城市生态 ET 和农村生态 ET 在海河流域水资源综合规划的相关基础上做了调整；工业及三产 ET 和农业 ET 考虑了经济、社会、环境等方面的因素，采用综合目标最大的方案进行分配。

情景 1 条件下，市区 ET 消耗较多，主要由于市区的高产值行业较为集中，污水回用充分，另外，市区河湖、绿地较多，增加了生态消耗 ET。各个区县中，房山、顺义区 ET 消耗较多，门头沟和延庆、怀柔等 ET 消耗较少。详细数据见表 6.19。

表 6.19 情景 1 ET 控制目标分配方案　　　　　（单位：百万 m³）

	规划水平年	工业及三产	城市生活	城市生态	农业	农村生活	农村生态	合计
市区	2010 年	349	157	229	47	13	249	1044
昌平区	2010 年	18	11	13	46	7	15	110
顺义区	2010 年	20	8	11	194	12	12	257
门头沟区	2010 年	3	3	1	7	2	1	16
房山区	2010 年	50	12	17	120	13	19	231
平谷区	2010 年	9	4	5	101	6	6	130
怀柔区	2010 年	10	3	5	35	4	6	64
密云县	2010 年	10	4	5	82	7	6	113
延庆县	2010 年	3	3	2	57	4	3	71
通州区	2010 年	18	7	8	137	9	9	187
大兴区	2010 年	12	6	6	139	11	6	180
合计	2010 年	501	218	303	965	86	330	2403
市区	2020 年	598	169	229	32	9	249	1286
昌平区	2020 年	31	13	13	21	5	15	98

	规划水平年	工业及三产	城市生活	城市生态	农业	农村生活	农村生态	合计
顺义区	2020 年	35	10	11	212	8	12	288
门头沟区	2020 年	5	3	1	4	1	1	14
房山区	2020 年	85	15	17	131	10	19	278
平谷区	2020 年	15	6	5	75	4	6	110
怀柔区	2020 年	17	4	5	18	3	6	53
密云县	2020 年	17	5	5	66	5	6	104
延庆县	2020 年	5	4	2	60	3	3	76
通州区	2020 年	30	8	8	91	7	9	153
大兴区	2020 年	21	7	6	97	8	6	145
合计	2020 年	859	243	303	807	63	330	2605
市区	2030 年	757	189	229	37	8	249	1469
昌平区	2030 年	40	15	13	16	4	15	103
顺义区	2030 年	44	12	11	215	7	12	301
门头沟区	2030 年	6	3	1	3	1	1	15
房山区	2030 年	108	18	17	146	8	19	317
平谷区	2030 年	19	7	5	81	3	6	120
怀柔区	2030 年	22	5	5	12	3	6	53
密云县	2030 年	22	6	5	60	4	6	103
延庆县	2030 年	6	4	2	69	2	3	87
通州区	2030 年	38	10	8	127	6	9	197
大兴区	2030 年	27	9	6	136	7	6	190
合计	2030 年	1088	277	303	901	54	330	2954

　　情景 2（表 6.20）由于采用 50 年长系列降水数据，ET 控制目标总体有所增长，各区县 ET 消耗均增加。从各行业上来看，工业及三产，由于单位 ET 产值较高，ET 消耗逐渐增加；城市生活和农业保持稳定的同时，小幅增加；而由于农业人口逐渐降低以及用水器具的进步，农村生活 ET 消耗逐年有所降低。

表 6.20　情景 2 ET 控制目标分配方案　　　　　（单位：百万 m³）

	规划水平年	工业及三产	城市生活	城市生态	农业	农村生活	农村生态	合计
市区	2010 年	405	157	229	48	13	249	1102
昌平区	2010 年	21	11	13	46	7	15	113
顺义区	2010 年	24	8	11	194	12	12	260
门头沟区	2010 年	3	3	1	7	2	1	17
房山区	2010 年	58	12	17	134	13	19	254
平谷区	2010 年	10	4	5	86	6	6	117

续表

	规划水平年	工业及三产	城市生活	城市生态	农业	农村生活	农村生态	合计
怀柔区	2010 年	12	3	5	35	4	6	66
密云县	2010 年	12	4	5	82	7	6	114
延庆县	2010 年	3	3	2	59	4	3	74
通州区	2010 年	20	7	8	145	9	9	197
大兴区	2010 年	14	6	6	224	11	6	267
合计	2010 年	583	218	303	1061	86	330	2581
市区	2020 年	661	169	229	32	9	249	1349
昌平区	2020 年	35	13	13	21	5	15	102
顺义区	2020 年	38	10	11	215	8	12	295
门头沟区	2020 年	5	3	1	4	1	1	15
房山区	2020 年	94	15	17	142	10	19	298
平谷区	2020 年	16	6	5	77	4	6	114
怀柔区	2020 年	19	4	5	18	3	6	55
密云县	2020 年	19	5	5	66	5	6	105
延庆县	2020 年	5	4	2	58	3	3	75
通州区	2020 年	33	8	8	149	7	9	214
大兴区	2020 年	24	7	6	111	8	6	161
合计	2020 年	951	243	303	894	63	330	2783
市区	2030 年	826	189	229	41	8	249	1543
昌平区	2030 年	44	15	13	21	4	15	112
顺义区	2030 年	48	12	11	215	7	12	305
门头沟区	2030 年	6	3	1	2	1	1	15
房山区	2030 年	118	18	17	147	8	19	327
平谷区	2030 年	20	7	5	80	3	6	121
怀柔区	2030 年	24	5	5	12	3	6	54
密云县	2030 年	24	6	5	60	4	6	105
延庆县	2030 年	7	4	2	69	2	3	87
通州区	2030 年	42	10	8	178	6	9	251
大兴区	2030 年	29	9	6	154	7	6	211
合计	2030 年	1188	277	303	979	54	330	3132

情景 3（表 6.21）采用近 25 年水文系列，各水平年 ET 控制目标较情节 2 均有所下降，各行业 ET 控制目标也有所下降，其中工业及三产 ET 控制目标下降较为明显。各区县中，市区目标控制 ET 下降较多。

表 6.21　情景 3 ET 控制目标分配方案　　　　　（单位：百万 m³）

	规划水平年	工业及三产	城市生活	城市生态	农业	农村生活	农村生态	合计
市区	2010 年	342	157	229	48	13	249	1039
昌平区	2010 年	18	11	13	46	7	15	110
顺义区	2010 年	20	8	11	244	12	12	306
门头沟区	2010 年	3	3	1	7	2	1	16
房山区	2010 年	49	12	17	149	13	19	260
平谷区	2010 年	8	4	5	86	6	6	116
怀柔区	2010 年	10	3	5	35	4	6	64
密云县	2010 年	10	4	5	67	7	6	98
延庆县	2010 年	3	3	2	57	4	3	71
通州区	2010 年	17	7	8	221	9	9	271
大兴区	2010 年	12	6	6	100	11	6	141
合计	2010 年	491	218	303	1061	86	330	2490
市区	2020 年	559	169	229	20	9	249	1235
昌平区	2020 年	29	13	13	21	5	15	96
顺义区	2020 年	32	10	11	183	8	12	257
门头沟区	2020 年	4	3	1	4	1	1	14
房山区	2020 年	80	15	17	131	10	19	272
平谷区	2020 年	14	6	5	77	4	6	112
怀柔区	2020 年	16	4	5	17	3	6	52
密云县	2020 年	16	5	5	66	5	6	102
延庆县	2020 年	5	4	2	20	3	3	36
通州区	2020 年	28	8	8	121	7	9	180
大兴区	2020 年	20	7	6	87	8	6	134
合计	2020 年	803	243	303	747	63	330	2490
市区	2030 年	719	189	229	15	8	249	1409
昌平区	2030 年	38	15	13	16	4	15	101
顺义区	2030 年	42	12	11	215	7	12	299
门头沟区	2030 年	5	3	1	2	1	1	14
房山区	2030 年	103	18	17	147	8	19	312
平谷区	2030 年	18	7	5	80	3	6	119
怀柔区	2030 年	21	5	5	11	3	6	50
密云县	2030 年	21	6	5	60	4	6	102
延庆县	2030 年	6	4	2	23	2	3	40
通州区	2030 年	36	10	8	136	6	9	205
大兴区	2030 年	26	9	6	129	7	6	182
合计	2030 年	1033	277	303	834	54	330	2832

情景 4（表 6.22）在 2010 年容许部分地下水超采，逐步减少超采量，到 2020 年实现地下水零超采，所以 2010 年 ET 较大，而在 2020 年降低，在 2030 年南水北调来水量增大后，ET 控制目标又重新上升。

表 6.22　情景 4 ET 控制目标分配方案 　　　　　　（单位：百万 m³）

	规划水平年	工业及三产	城市生活	城市生态	农业	农村生活	农村生态	合计
市区	2010 年	425	157	229	46	13	249	1120
昌平区	2010 年	22	11	13	45	7	15	113
顺义区	2010 年	25	8	11	244	12	12	311
门头沟区	2010 年	3	3	1	7	2	1	17
房山区	2010 年	61	12	17	148	13	19	271
平谷区	2010 年	10	4	5	86	6	6	118
怀柔区	2010 年	12	3	5	35	4	6	66
密云县	2010 年	12	4	5	66	7	6	99
延庆县	2010 年	3	3	2	55	4	3	70
通州区	2010 年	21	7	8	197	9	9	250
大兴区	2010 年	15	6	6	131	11	6	175
合计	2010 年	611	218	303	1061	86	330	2610
市区	2020 年	582	169	229	20	9	249	1259
昌平区	2020 年	31	13	13	21	5	15	98
顺义区	2020 年	34	10	11	183	8	12	258
门头沟区	2020 年	4	3	1	4	1	1	14
房山区	2020 年	83	15	17	131	10	19	275
平谷区	2020 年	14	6	5	77	4	6	112
怀柔区	2020 年	17	4	5	17	3	6	52
密云县	2020 年	17	5	5	66	5	6	103
延庆县	2020 年	5	4	2	20	3	3	36
通州区	2020 年	29	8	8	131	7	9	192
大兴区	2020 年	21	7	6	43	8	6	91
合计	2020 年	837	243	303	714	63	330	2490
市区	2030 年	748	189	229	20	8	249	1443
昌平区	2030 年	39	15	13	16	4	15	103
顺义区	2030 年	43	12	11	215	7	12	301
门头沟区	2030 年	6	3	1	2	1	1	14
房山区	2030 年	107	18	17	147	8	19	316
平谷区	2030 年	18	7	5	80	3	6	120
怀柔区	2030 年	22	5	5	11	3	6	51
密云县	2030 年	22	6	5	60	4	6	103

续表

	规划水平年	工业及三产	城市生活	城市生态	农业	农村生活	农村生态	合计
延庆县	2030 年	6	4	2	24	2	3	41
通州区	2030 年	38	10	8	144	6	9	214
大兴区	2030 年	27	9	6	73	7	6	127
合计	2030 年	1076	277	303	791	54	330	2832

情景 5 在情景 4 的基础上，加大了 2010 年北京市南水北调调水量，因此 2010 年的 ET 控制目标更大，而 2020 年 ET 控制目标未变，两水平年之间 ET 控制目标落差较大。计算结果见表 6.23。

表 6.23　情景 5 ET 控制目标分配方案　　　　　　（单位：百万 m³）

	规划水平年	工业及三产	城市生活	城市生态	农业	农村生活	农村生态	合计
市区	2010 年	524	157	229	43	13	249	1216
昌平区	2010 年	28	11	13	45	7	15	118
顺义区	2010 年	30	8	11	244	12	12	317
门头沟区	2010 年	4	3	1	7	2	1	17
房山区	2010 年	75	12	17	154	13	19	290
平谷区	2010 年	13	4	5	86	6	6	120
怀柔区	2010 年	15	3	5	35	4	6	69
密云县	2010 年	15	4	5	82	7	6	118
延庆县	2010 年	4	3	2	53	4	3	69
通州区	2010 年	26	7	8	197	9	9	256
大兴区	2010 年	19	6	6	114	11	6	161
合计	2010 年	753	218	303	1061	86	330	2752
市区	2020 年	564	169	229	20	9	249	1240
昌平区	2020 年	30	13	13	21	5	15	97
顺义区	2020 年	33	10	11	183	8	12	257
门头沟区	2020 年	4	3	1	4	1	1	14
房山区	2020 年	81	15	17	131	10	19	273
平谷区	2020 年	14	6	5	77	4	6	112
怀柔区	2020 年	16	4	5	17	3	6	52
密云县	2020 年	16	5	5	66	5	6	103
延庆县	2020 年	5	4	2	20	3	3	36
通州区	2020 年	28	8	8	157	7	9	216
大兴区	2020 年	20	7	6	43	8	6	90
合计	2020 年	811	243	303	740	63	330	2490

续表

	规划水平年	工业及三产	城市生活	城市生态	农业	农村生活	农村生态	合计
市区	2030 年	718	189	229	15	8	249	1408
昌平区	2030 年	38	15	13	16	4	15	101
顺义区	2030 年	42	12	11	215	7	12	299
门头沟区	2030 年	5	3	1	2	1	1	14
房山区	2030 年	103	18	17	147	8	19	312
平谷区	2030 年	18	7	5	80	3	6	119
怀柔区	2030 年	21	5	5	11	3	6	51
密云县	2030 年	21	6	5	60	4	6	102
延庆县	2030 年	6	4	2	28	2	3	45
通州区	2030 年	36	10	8	176	6	9	244
大兴区	2030 年	26	9	6	85	7	6	137
合计	2030 年	1032	277	303	835	54	330	2832

情景 6 考虑了北京市出入境水量的差别，在 ET 控制目标的设置上，有利于北京市社会经济的高速发展，其中城区和顺义、房山等区县增加较多。详细数据见表 6.24。

表 6.24　情景 6 ET 控制目标分配方案　　　　（单位：百万 m³）

	规划水平年	工业及三产	城市生活	城市生态	农业	农村生活	农村生态	合计
市区	2010 年	576	157	229	43	13	249	1268
昌平区	2010 年	30	11	13	45	7	15	121
顺义区	2010 年	33	8	11	244	12	12	320
门头沟区	2010 年	4	3	1	7	2	1	18
房山区	2010 年	82	12	17	154	13	19	298
平谷区	2010 年	14	4	5	86	6	6	121
怀柔区	2010 年	17	3	5	35	4	6	71
密云县	2010 年	17	4	5	82	7	6	120
延庆县	2010 年	5	3	2	53	4	3	69
通州区	2010 年	29	7	8	152	9	9	214
大兴区	2010 年	21	6	6	207	11	6	256
合计	2010 年	828	218	303	1109	86	330	2875
市区	2020 年	608	169	229	20	9	249	1285
昌平区	2020 年	32	13	13	21	5	15	99
顺义区	2020 年	35	10	11	183	8	12	260
门头沟区	2020 年	5	3	1	4	1	1	14
房山区	2020 年	87	15	17	131	10	19	279
平谷区	2020 年	15	6	5	77	4	6	113

续表

	规划水平年	工业及三产	城市生活	城市生态	农业	农村生活	农村生态	合计
怀柔区	2020 年	18	4	5	18	3	6	54
密云县	2020 年	18	5	5	66	5	6	104
延庆县	2020 年	5	4	2	21	3	3	37
通州区	2020 年	31	8	8	149	7	9	211
大兴区	2020 年	22	7	6	109	8	6	157
合计	2020 年	875	243	303	799	63	330	2612
市区	2030 年	763	189	229	15	8	249	1453
昌平区	2030 年	40	15	13	16	4	15	103
顺义区	2030 年	44	12	11	215	7	12	302
门头沟区	2030 年	6	3	1	2	1	1	14
房山区	2030 年	109	18	17	147	8	19	318
平谷区	2030 年	19	7	5	80	3	6	120
怀柔区	2030 年	22	5	5	12	3	6	53
密云县	2030 年	22	6	5	60	4	6	103
延庆县	2030 年	6	4	2	21	2	3	39
通州区	2030 年	38	10	8	178	6	9	248
大兴区	2030 年	27	9	6	147	7	6	201
合计	2030 年	1097	277	303	892	54	330	2954

（二）各情景水资源调配

在确定规划水平各区县分行业的 ET 控制目标的基础上，结合各个区县的水资源条件，确定了各区县分行业用水量。在确定用水的过程中，主要偏向单位耗水效率较高的行业。

情景 1：2010 年合计供水 40.2 亿 m³，2020 年合计供水 46.59 亿 m³，2030 年合计供水 50.46 亿 m³。市区、房山、顺义等区县供水较多，延庆、门头沟等区县供水较少。详细计算结果见表 6.25。

表 6.25　情景 1 各区县水资源调配方案　　　（单位：百万 m³）

		城市生活	农村生活	工业及三产	农业	城市生态	农村生态	合计
市区	2010 年	450	36	954	48	276	327	2092
门头沟区	2010 年	7	4	7	7	1	1	28
房山区	2010 年	35	38	136	124	21	24	379
通州区	2010 年	19	27	48	142	10	11	256
顺义区	2010 年	23	33	55	201	13	16	342
昌平区	2010 年	31	20	50	48	16	19	184

续表

		城市生活	农村生活	工业及三产	农业	城市生态	农村生态	合计
大兴区	2010 年	11	30	34	144	7	5	232
怀柔区	2010 年	9	12	28	37	6	7	99
平谷区	2010 年	12	16	24	105	6	7	170
密云县	2010 年	10	19	28	82	5	4	147
延庆县	2010 年	7	10	8	59	3	3	91
合计	2010 年	615	246	1372	997	426	365	4020
市区	2020 年	482	26	1494	34	276	327	2640
门头沟区	2020 年	8	3	11	4	1	1	29
房山区	2020 年	44	28	214	139	21	24	470
通州区	2020 年	23	19	75	97	10	11	236
顺义区	2020 年	29	24	87	226	13	16	395
昌平区	2020 年	36	14	79	23	16	19	187
大兴区	2020 年	18	18	46	103	7	7	199
怀柔区	2020 年	11	9	43	19	6	7	96
平谷区	2020 年	16	12	37	79	6	7	158
密云县	2020 年	13	14	44	70	6	4	150
延庆县	2020 年	10	7	12	64	3	3	100
合计	2020 年	691	175	2142	858	427	366	4659
市区	2030 年	539	23	1682	37	276	327	2885
门头沟区	2030 年	9	3	13	3	1	1	30
房山区	2030 年	52	24	241	149	20	24	510
通州区	2030 年	27	17	85	129	10	11	279
顺义区	2030 年	35	21	98	220	13	16	402
昌平区	2030 年	42	12	89	16	16	19	195
大兴区	2030 年	18	13	43	139	7	6	225
怀柔区	2030 年	13	8	48	12	6	7	96
平谷区	2030 年	20	10	41	82	6	7	167
密云县	2030 年	16	12	49	62	6	4	148
延庆县	2030 年	12	6	14	71	3	3	110
合计	2030 年	784	148	2402	920	426	366	5046

情景 2：2010 年合计供水 43.08 亿 m^3，2020 年合计供水 49.42 亿 m^3，2030 年合计供水 53.21 亿 m^3。市区、房山、顺义等区县供水较多，延庆、门头沟等区县供水较少。详细计算结果见表 6.26。

表 6.26 情景 2 各区县水资源调配方案 （单位：百万 m³）

		城市生活	农村生活	工业及三产	农业	城市生态	农村生态	合计
市区	2010 年	450	36	1108	50	276	327	2248
门头沟区	2010 年	7	4	9	8	1	1	30
房山区	2010 年	35	38	159	139	13	24	408
通州区	2010 年	19	27	56	150	10	11	272
顺义区	2010 年	23	33	64	201	13	16	351
昌平区	2010 年	31	20	58	48	16	19	192
大兴区	2010 年	9	27	20	231	5	4	296
怀柔区	2010 年	9	12	32	37	6	7	103
平谷区	2010 年	12	16	27	90	6	7	159
密云县	2010 年	10	19	32	82	5	6	154
延庆县	2010 年	7	10	9	61	3	3	94
合计	2010 年	612	242	1574	1096	427	356	4308
市区	2020 年	482	0	1652	34	277	327	2772
门头沟区	2020 年	8	3	13	4	1	1	30
房山区	2020 年	44	28	236	151	20	24	504
通州区	2020 年	23	19	83	159	10	11	305
顺义区	2020 年	29	24	96	229	13	16	407
昌平区	2020 年	36	14	87	23	16	19	196
大兴区	2020 年	17	16	46	118	7	6	211
怀柔区	2020 年	11	9	48	19	6	7	100
平谷区	2020 年	16	12	41	82	6	7	164
密云县	2020 年	13	14	48	69	6	4	154
延庆县	2020 年	10	7	14	62	3	3	99
合计	2020 年	690	146	2364	950	427	366	4942
市区	2030 年	539	0	1836	42	277	327	3021
门头沟区	2030 年	9	3	14	2	1	1	30
房山区	2030 年	52	24	263	150	20	24	533
通州区	2030 年	27	17	93	181	10	11	339
顺义区	2030 年	35	21	107	220	13	16	411
昌平区	2030 年	42	12	97	22	16	19	208
大兴区	2030 年	18	13	46	158	7	5	246
怀柔区	2030 年	13	8	53	12	6	7	100
平谷区	2030 年	20	10	45	81	6	7	170
密云县	2030 年	16	12	54	61	6	4	153
延庆县	2030 年	12	6	15	70	3	3	110
合计	2030 年	784	125	2622	999	426	366	5321

情景 3：2010 年合计供水 40.88 亿 m³，2020 年合计供水 44.72 亿 m³，2030 年合计供水 48.75 亿 m³。市区、房山、顺义等区县供水较多，延庆、门头沟等区县供水较少。由于 2010 年和 2020 年 ET 消耗控制目标一致，通过提高用水效率、加强节水等措施，工业和农业供水下降，总体供水也有所下降。详细计算结果见表 6.27。

表 6.27 情景 3 各区县水资源调配方案 （单位：百万 m³）

		城市生活	农村生活	工业及三产	农业	城市生态	农村生态	合计
市区	2010 年	450	36	935	50	264	327	2063
门头沟区	2010 年	7	4	7	7	1	1	28
房山区	2010 年	35	38	134	154	20	24	406
通州区	2010 年	19	27	47	228	4	11	337
顺义区	2010 年	23	33	54	253	13	16	392
昌平区	2010 年	31	20	49	48	16	19	183
大兴区	2010 年	17	30	33	103	7	8	200
怀柔区	2010 年	9	12	27	37	6	8	98
平谷区	2010 年	12	16	23	90	6	7	154
密云县	2010 年	10	19	27	69	6	7	137
延庆县	2010 年	7	10	8	59	3	3	90
合计	2010 年	621	246	1345	1098	432	346	4089
市区	2020 年	482	26	1396	22	276	327	2530
门头沟区	2020 年	8	3	11	4	1	1	28
房山区	2020 年	44	28	200	139	21	24	456
通州区	2020 年	23	19	70	128	10	11	262
顺义区	2020 年	29	24	81	195	13	16	358
昌平区	2020 年	36	14	73	23	16	19	182
大兴区	2020 年	21	22	50	92	7	8	200
怀柔区	2020 年	11	9	40	18	6	8	93
平谷区	2020 年	16	12	34	82	6	7	158
密云县	2020 年	13	14	41	70	6	6	150
延庆县	2020 年	10	7	12	22	3	3	57
合计	2020 年	694	178	2008	795	431	366	4472
市区	2030 年	539	23	1597	16	276	327	2778
门头沟区	2030 年	9	3	12	2	1	1	28
房山区	2030 年	52	24	228	150	20	24	499
通州区	2030 年	27	17	81	139	10	11	285
顺义区	2030 年	35	21	93	219	13	16	397
昌平区	2030 年	42	12	84	16	16	19	190
大兴区	2030 年	23	16	49	132	7	7	233

续表

		城市生活	农村生活	工业及三产	农业	城市生态	农村生态	合计
怀柔区	2030 年	13	8	46	11	6	8	92
平谷区	2030 年	20	10	39	81	6	7	164
密云县	2030 年	16	12	47	62	6	6	148
延庆县	2030 年	12	6	13	23	3	3	61
合计	2030 年	789	152	2289	850	430	366	4875

情景 4：2010 年合计供水 43.87 亿 m^3，2020 年合计供水 45.21 亿 m^3，2030 年合计供水 49.40 亿 m^3。市区、房山、顺义等区县供水较多，延庆、门头沟等区县供水较少。详细计算结果见表 6.28。

表 6.28　情景 4 各区县水资源调配方案　　　　（单位：百万 m^3）

		城市生活	农村生活	工业及三产	农业	城市生态	农村生态	合计
市区	2010 年	450	36	1163	48	245	327	2269
门头沟区	2010 年	7	4	9	7	1	1	30
房山区	2010 年	35	38	166	154	20	24	438
通州区	2010 年	19	27	59	203	5	11	324
顺义区	2010 年	23	33	68	253	13	16	406
昌平区	2010 年	31	20	61	46	16	19	194
大兴区	2010 年	16	27	36	136	7	7	228
怀柔区	2010 年	9	12	34	37	6	8	105
平谷区	2010 年	12	16	29	90	6	7	160
密云县	2010 年	10	19	34	68	6	7	143
延庆县	2010 年	7	10	10	57	3	3	91
合计	2010 年	620	242	1668	1099	431	328	4388
市区	2020 年	482	26	1455	22	276	327	2588
门头沟区	2020 年	8	3	11	4	1	1	28
房山区	2020 年	44	28	208	139	21	24	464
通州区	2020 年	23	19	73	139	10	11	276
顺义区	2020 年	29	24	84	195	13	16	361
昌平区	2020 年	36	14	77	23	16	19	185
大兴区	2020 年	21	22	52	46	7	8	156
怀柔区	2020 年	11	9	42	18	6	8	94
平谷区	2020 年	16	12	36	82	6	7	159
密云县	2020 年	13	14	42	70	6	6	151
延庆县	2020 年	10	7	12	22	3	3	57
合计	2020 年	694	178	2092	759	431	366	4521

续表

		城市生活	农村生活	工业及三产	农业	城市生态	农村生态	合计
市区	2030 年	539	23	1662	20	276	327	2848
门头沟区	2030 年	9	3	13	2	1	1	29
房山区	2030 年	52	24	238	150	20	24	508
通州区	2030 年	27	17	84	147	10	11	296
顺义区	2030 年	35	21	97	219	13	16	401
昌平区	2030 年	42	12	88	16	16	19	194
大兴区	2030 年	25	19	59	75	7	8	193
怀柔区	2030 年	13	8	48	11	6	8	94
平谷区	2030 年	20	10	41	81	6	7	166
密云县	2030 年	16	12	48	62	6	6	150
延庆县	2030 年	12	6	14	24	3	3	63
合计	2030 年	791	155	2391	807	431	366	4940

情景 5：2010 年合计供水 48.04 亿 m^3，2020 年合计供水 44.83 亿 m^3，2030 年合计供水 48.88 亿 m^3。市区、房山、顺义等区县供水较多，延庆、门头沟等区县供水较少。详细数据见表 6.29。

表 6.29　情景 5 各区县水资源调配方案　　　　（单位：百万 m^3）

		城市生活	农村生活	工业及三产	农业	城市生态	农村生态	合计
市区	2010 年	450	36	1433	45	268	327	2560
门头沟区	2010 年	7	4	11	7	1	1	32
房山区	2010 年	35	38	205	159	20	24	483
通州区	2010 年	19	27	72	205	6	11	339
顺义区	2010 年	23	33	83	253	13	16	421
昌平区	2010 年	31	20	75	46	16	19	208
大兴区	2010 年	17	29	48	118	7	7	227
怀柔区	2010 年	9	12	41	37	6	8	113
平谷区	2010 年	12	16	35	90	6	7	167
密云县	2010 年	10	19	42	84	5	5	164
延庆县	2010 年	7	10	12	55	3	3	91
合计	2010 年	621	245	2058	1098	429	353	4804
市区	2020 年	482	26	1409	22	276	327	2543
门头沟区	2020 年	8	3	11	4	1	1	28
房山区	2020 年	44	28	202	139	21	24	458
通州区	2020 年	23	19	71	167	10	11	301
顺义区	2020 年	29	24	82	195	13	16	358

续表

		城市生活	农村生活	工业及三产	农业	城市生态	农村生态	合计
昌平区	2020 年	36	14	74	23	16	19	183
大兴区	2020 年	21	22	50	46	7	8	154
怀柔区	2020 年	11	9	41	18	6	8	93
平谷区	2020 年	16	12	35	82	6	7	158
密云县	2020 年	13	14	41	70	6	6	150
延庆县	2020 年	10	7	12	22	3	3	57
合计	2020 年	694	178	2027	787	431	366	4483
市区	2030 年	539	23	1595	16	276	327	2776
门头沟区	2030 年	9	3	12	2	1	1	28
房山区	2030 年	52	24	228	150	20	24	498
通州区	2030 年	27	17	80	179	10	11	325
顺义区	2030 年	35	21	93	220	13	16	397
昌平区	2030 年	42	12	84	16	16	19	190
大兴区	2030 年	25	19	57	86	7	8	202
怀柔区	2030 年	13	8	46	11	6	8	93
平谷区	2030 年	20	10	39	81	6	7	164
密云县	2030 年	16	12	47	62	6	6	148
延庆县	2030 年	12	6	13	29	3	3	67
合计	2030 年	791	155	2294	852	431	366	4888

情景 6：2010 年合计供水 50.34 亿 m³，2020 年合计供水 47.05 亿 m³，2030 年合计供水 50.73 亿 m³。市区、房山、顺义等区县供水较多，延庆、门头沟等区县供水较少。详细数据见表 6.30。

表 6.30　情景 6 各区县水资源调配方案　　　　（单位：百万 m³）

		城市生活	农村生活	工业及三产	农业	城市生态	农村生态	合计
市区	2010 年	450	36	1575	45	247	327	2680
门头沟区	2010 年	7	4	12	7	1	1	33
房山区	2010 年	35	38	225	159	21	24	503
通州区	2010 年	19	27	79	158	10	11	304
顺义区	2010 年	23	33	92	253	13	16	430
昌平区	2010 年	31	20	83	46	16	19	216
大兴区	2010 年	16	28	50	215	7	7	322
怀柔区	2010 年	9	12	45	37	6	8	117
平谷区	2010 年	12	16	39	90	6	7	170
密云县	2010 年	10	19	46	83	5	5	168

续表

		城市生活	农村生活	工业及三产	农业	城市生态	农村生态	合计
延庆县	2010年	7	10	13	55	3	3	92
合计	2010年	620	243	2259	1148	429	335	5034
市区	2020年	482	26	1520	22	276	327	2654
门头沟区	2020年	8	3	12	4	1	1	29
房山区	2020年	44	28	217	139	21	24	474
通州区	2020年	23	19	77	159	10	11	299
顺义区	2020年	29	24	88	195	13	16	365
昌平区	2020年	36	14	80	23	16	19	189
大兴区	2020年	21	22	54	116	7	8	228
怀柔区	2020年	11	9	44	19	6	8	97
平谷区	2020年	16	12	37	82	6	7	161
密云县	2020年	13	14	44	70	6	5	153
延庆县	2020年	10	7	12	22	3	3	58
合计	2020年	694	178	2187	849	431	366	4705
市区	2030年	539	23	1695	16	276	327	2877
门头沟区	2030年	9	3	13	2	1	1	29
房山区	2030年	52	24	242	150	20	24	513
通州区	2030年	27	17	85	181	10	11	332
顺义区	2030年	35	21	99	220	13	16	403
昌平区	2030年	42	12	89	16	16	19	195
大兴区	2030年	21	16	51	150	7	6	251
怀柔区	2030年	13	8	49	12	6	8	96
平谷区	2030年	20	10	42	81	6	7	167
密云县	2030年	16	12	49	62	6	6	151
延庆县	2030年	12	6	14	22	3	3	60
合计	2030年	787	152	2428	911	429	366	5073

（三）各情景水资源供水结构

北京市主要水源有密云水库、官厅水库、白河堡水库、怀柔水库和海子水库等工程节点，以及当地径流、地下水和南水北调水，近年来，污水处理后二次回用也成为越来越重要的水源。出于保护北京市生态环境、恢复地下水水位的目的，优先使用地表水源和南水北调水，尽量减少地下水的开采量。

情景1：2010年地表水使用7.0亿 m^3，地下水使用21.95亿 m^3，污水回用5.99亿 m^3，外调水使用5.09亿 m^3；2020年地表水使用8.51亿 m^3，地下水使用19.69亿 m^3，污水回用7.85亿 m^3，外调水使用10.53亿 m^3；2030年地表水使用7.65亿 m^3，地下水使用20.49亿 m^3，污水回用8.59亿 m^3，外调水使用13.73亿 m^3。详细数据见表6.31。

表 6.31　情景 1 供水结构　　　　　（单位：百万 m³）

情景 1	水平年	供水总和	地表水	地下水	污水回用	外调水
市区	2010 年	2092	460	606	518	509
门头沟区	2010 年	28	4	23	1	0
房山区	2010 年	379	26	288	48	18
通州区	2010 年	256	19	231	6	0
顺义区	2010 年	342	29	304	9	0
昌平区	2010 年	184	42	140	2	0
大兴区	2010 年	232	7	220	5	0
怀柔区	2010 年	99	36	61	1	0
平谷区	2010 年	170	14	156	1	0
密云县	2010 年	147	57	83	7	0
延庆县	2010 年	91	6	83	1	0
合计	2010 年	4020	700	2195	599	526
市区	2020 年	2640	560	454	729	897
门头沟区	2020 年	29	3	25	1	0
房山区	2020 年	470	54	245	15	156
通州区	2020 年	236	37	191	8	0
顺义区	2020 年	395	29	358	8	0
昌平区	2020 年	187	46	139	3	0
大兴区	2020 年	199	7	186	6	0
怀柔区	2020 年	96	34	59	2	0
平谷区	2020 年	158	14	143	1	0
密云县	2020 年	150	62	78	10	0
延庆县	2020 年	100	6	92	1	0
合计	2020 年	4659	851	1969	785	1053
市区	2030 年	2885	440	452	797	1196
门头沟区	2030 年	30	3	26	1	0
房山区	2030 年	510	60	256	17	177
通州区	2030 年	279	64	206	9	0
顺义区	2030 年	402	29	364	9	0
昌平区	2030 年	195	47	144	3	0
大兴区	2030 年	225	7	213	5	0
怀柔区	2030 年	96	34	59	2	0
平谷区	2030 年	167	14	152	2	0
密云县	2030 年	148	61	75	12	0
延庆县	2030 年	110	6	102	2	0
合计	2030 年	5046	765	2049	859	1373

情景 2：2010 年地表水使用 8.75 亿 m³，地下水使用 22.34 亿 m³，污水回用 6.74 亿 m³，外调水使用 5.245 亿 m³；2020 年地表水使用 11.63 亿 m³，地下水使用 20.75 亿 m³，污水回用 6.49 亿 m³，外调水使用 10.56 亿 m³；2030 年地表水使用 10.36 亿 m³，地下水使用 21.53 亿 m³，污水回用 7.41 亿 m³，外调水使用 13.91 亿 m³。由于情景 2 采用 50 年水文系列年，地表水和地下水可利用量大于近 25 水文系列年，因此供水量均有所增长，而外调水由于考虑到南水北调中线工程的进展，外调水量较少。详细数据见表 6.32。

表 6.32　情景 2 供水结构　（单位：百万 m³）

情景 2	水平年	供水总和	地表水	地下水	污水回用	外调水
市区	2010 年	2248	542	726	602	377
门头沟区	2010 年	30	6	23	0	0
房山区	2010 年	408	65	155	41	147
通州区	2010 年	272	30	236	6	0
顺义区	2010 年	351	29	312	10	0
昌平区	2010 年	192	43	147	2	0
大兴区	2010 年	296	40	254	2	0
怀柔区	2010 年	103	38	63	2	0
平谷区	2010 年	159	14	144	1	0
密云县	2010 年	154	61	87	7	0
延庆县	2010 年	94	6	87	1	0
合计	2010 年	4308	875	2234	674	524
市区	2020 年	2772	800	489	599	884
门头沟区	2020 年	30	3	26	1	0
房山区	2020 年	504	62	253	17	172
通州区	2020 年	305	85	211	8	0
顺义区	2020 年	407	29	369	9	0
昌平区	2020 年	196	47	146	3	0
大兴区	2020 年	211	7	198	5	0
怀柔区	2020 年	100	36	62	2	0
平谷区	2020 年	164	14	149	1	0
密云县	2020 年	154	72	80	2	0
延庆县	2020 年	99	6	92	2	0
合计	2020 年	4942	1163	2075	649	1056
市区	2030 年	3021	648	489	686	1198
门头沟区	2030 年	30	2	27	1	0
房山区	2030 年	533	60	262	19	193
通州区	2030 年	339	113	216	10	0
顺义区	2030 年	411	29	372	10	0

情景2	水平年	供水总和	地表水	地下水	污水回用	外调水
昌平区	2030 年	208	48	157	4	0
大兴区	2030 年	246	7	234	5	0
怀柔区	2030 年	100	36	61	3	0
平谷区	2030 年	170	14	155	2	0
密云县	2030 年	153	73	78	2	0
延庆县	2030 年	110	6	102	2	0
合计	2030 年	5321	1036	2153	741	1391

情景 3: 2010 年地表水使用 4.14 亿 m^3, 地下水使用 19.81 亿 m^3, 污水回用 7.12 亿 m^3, 外调水使用 9.82 亿 m^3; 2020 年地表水使用 7.15 亿 m^3, 地下水使用 19.53 亿 m^3, 污水回用 7.51 亿 m^3, 外调水使用 10.53 亿 m^3; 2030 年地表水使用 6.40 亿 m^3, 地下水使用 20.54 亿 m^3, 污水回用 8.18 亿 m^3, 外调水使用 13.64 亿 m^3。情景 3 详细计算结果见表 6.33。

表 6.33　情景 3 供水结构　　　　　　　（单位：百万 m^3）

情景3	水平年	供水总和	地表水	地下水	污水回用	外调水
市区	2010 年	2063	67	490	632	874
门头沟区	2010 年	28	4	23	1	0
房山区	2010 年	406	42	209	47	107
通州区	2010 年	337	115	216	6	0
顺义区	2010 年	392	29	355	9	0
昌平区	2010 年	183	42	139	2	0
大兴区	2010 年	200	7	188	5	0
怀柔区	2010 年	98	36	61	1	0
平谷区	2010 年	154	14	140	1	0
密云县	2010 年	137	53	77	7	0
延庆县	2010 年	90	6	83	1	0
合计	2010 年	4089	414	1981	712	982
市区	2020 年	2530	413	514	696	907
门头沟区	2020 年	28	3	24	1	0
房山区	2020 年	456	54	241	14	146
通州区	2020 年	262	51	203	7	0
顺义区	2020 年	358	29	321	8	0
昌平区	2020 年	182	45	134	3	0
大兴区	2020 年	200	7	186	7	0
怀柔区	2020 年	93	33	58	2	0

续表

情景 3	水平年	供水总和	地表水	地下水	污水回用	外调水
平谷区	2020 年	158	14	143	1	0
密云县	2020 年	150	61	79	10	0
延庆县	2020 年	57	6	49	1	0
合计	2020 年	4472	715	1953	751	1053
市区	2030 年	2778	314	511	758	1195
门头沟区	2030 年	28	2	25	1	0
房山区	2030 年	499	61	253	17	169
通州区	2030 年	285	67	209	9	0
顺义区	2030 年	397	29	359	9	0
昌平区	2030 年	190	46	141	3	0
大兴区	2030 年	233	7	220	6	0
怀柔区	2030 年	92	32	58	2	0
平谷区	2030 年	164	14	149	2	0
密云县	2030 年	148	60	77	11	0
延庆县	2030 年	61	6	53	2	0
合计	2030 年	4875	640	2054	818	1364

情景 4：2010 年地表水使用 4.61 亿 m^3，地下水使用 20.44 亿 m^3，污水回用 8.3 亿 m^3，外调水使用 10.53 亿 m^3；2020 年地表水使用 7.79 亿 m^3，地下水使用 19.24 亿 m^3，污水回用 7.64 亿 m^3，外调水使用 10.53 亿 m^3；2030 年地表水使用 7.01 亿 m^3，地下水使用 20.29 亿 m^3，污水回用 8.39 亿 m^3，外调水使用 13.71 亿 m^3。详细计算结果见表 6.34。

表 6.34　情景 4 供水结构　　　　　　（单位：百万 m^3）

情景 4	水平年	供水总和	地表水	地下水	污水回用	外调水
市区	2010 年	2269	123	491	734	922
门头沟区	2010 年	30	4	25	1	0
房山区	2010 年	438	38	213	57	131
通州区	2010 年	324	103	213	7	0
顺义区	2010 年	406	29	367	10	0
昌平区	2010 年	194	43	148	2	0
大兴区	2010 年	228	7	216	5	0
怀柔区	2010 年	105	39	64	2	0
平谷区	2010 年	160	14	143	3	0
密云县	2010 年	143	56	79	8	0
延庆县	2010 年	91	6	83	1	0
合计	2010 年	4388	461	2044	830	1053

续表

情景 4	水平年	供水总和	地表水	地下水	污水回用	外调水
市区	2020 年	2588	465	514	708	901
门头沟区	2020 年	28	3	25	1	0
房山区	2020 年	464	54	243	15	152
通州区	2020 年	276	61	207	8	0
顺义区	2020 年	361	29	324	8	0
昌平区	2020 年	185	45	137	3	0
大兴区	2020 年	156	7	142	7	0
怀柔区	2020 年	94	33	59	2	0
平谷区	2020 年	159	14	144	1	0
密云县	2020 年	151	62	79	10	0
延庆县	2020 年	57	6	50	1	0
合计	2020 年	4521	779	1924	764	1053
市区	2030 年	2848	365	512	776	1196
门头沟区	2030 年	29	2	26	1	0
房山区	2030 年	508	60	255	17	175
通州区	2030 年	296	76	211	9	0
顺义区	2030 年	401	29	363	9	0
昌平区	2030 年	194	47	144	3	0
大兴区	2030 年	193	7	179	7	0
怀柔区	2030 年	94	33	59	2	0
平谷区	2030 年	166	14	150	2	0
密云县	2030 年	150	61	77	12	0
延庆县	2030 年	63	6	55	2	0
合计	2030 年	4940	701	2029	839	1371

情景 5：2010 年地表水使用 5.29 亿 m^3，地下水使用 20.96 亿 m^3，污水回用 9.85 亿 m^3，外调水使用 11.94 亿 m^3；2020 年地表水使用 7.59 亿 m^3，地下水使用 19.11 亿 m^3，污水回用 7.60 亿 m^3，外调水使用 10.53 亿 m^3；2030 年地表水使用 6.73 亿 m^3，地下水使用 20.33 亿 m^3，污水回用 8.18 亿 m^3，外调水使用 13.64 亿 m^3。详细计算结果见表 6.35。

表 6.35 情景 5 供水结构 （单位：百万 m^3）

情景 5	水平年	供水总和	地表水	地下水	污水回用	外调水
市区	2010 年	2560	178	492	854	1035
门头沟区	2010 年	32	4	27	1	0
房山区	2010 年	483	36	220	68	159
通州区	2010 年	339	103	211	25	0

续表

情景 5	水平年	供水总和	地表水	地下水	污水回用	外调水
顺义区	2010 年	421	29	381	12	0
昌平区	2010 年	208	45	160	3	0
大兴区	2010 年	227	7	214	6	0
怀柔区	2010 年	113	43	68	2	0
平谷区	2010 年	167	14	150	3	0
密云县	2010 年	164	64	91	9	0
延庆县	2010 年	91	6	83	1	0
合计	2010 年	4804	529	2096	985	1194
市区	2020 年	2543	424	514	699	906
门头沟区	2020 年	28	3	24	1	0
房山区	2020 年	458	54	242	15	147
通州区	2020 年	301	83	211	7	0
顺义区	2020 年	358	29	322	8	0
昌平区	2020 年	183	45	135	3	0
大兴区	2020 年	154	7	134	13	0
怀柔区	2020 年	93	33	58	2	0
平谷区	2020 年	158	14	143	1	0
密云县	2020 年	150	61	79	10	0
延庆县	2020 年	57	6	49	1	0
合计	2020 年	4483	759	1911	760	1053
市区	2030 年	2776	313	511	757	1195
门头沟区	2030 年	28	2	25	1	0
房山区	2030 年	498	61	253	17	168
通州区	2030 年	325	102	214	9	0
顺义区	2030 年	397	29	359	9	0
昌平区	2030 年	190	46	141	3	0
大兴区	2030 年	202	7	188	7	0
怀柔区	2030 年	93	33	58	2	0
平谷区	2030 年	164	14	149	2	0
密云县	2030 年	148	60	77	11	0
延庆县	2030 年	67	6	59	2	0
合计	2030 年	4888	673	2033	818	1364

情景 6：2010 年地表水使用 7.21 亿 m^3，地下水使用 20.69 亿 m^3，污水回用 10.5 亿 m^3，外调水使用 11.95 亿 m^3；2020 年地表水使用 8.58 亿 m^3，地下水使用 20.07 亿 m^3，污水回用 7.86 亿 m^3，外调水使用 10.53 亿 m^3；2030 年地表水使用 7.59 亿 m^3，地下水使用 20.98 亿 m^3，污水回用 8.42 亿 m^3，外调水使用 13.74 亿 m^3。详细计算结果见表 6.36。

表 6.36　情景 6 供水结构 （单位：百万 m³）

情景 6	水平年	供水总和	地表水	地下水	污水回用	外调水
市区	2010 年	2680	433	493	734	1021
门头沟区	2010 年	33	4	28	1	0
房山区	2010 年	503	33	223	73	174
通州区	2010 年	304	41	156	107	0
顺义区	2010 年	430	29	388	13	0
昌平区	2010 年	216	46	166	3	0
大兴区	2010 年	322	6	214	102	0
怀柔区	2010 年	117	44	70	2	0
平谷区	2010 年	170	14	153	4	0
密云县	2010 年	168	64	94	10	0
延庆县	2010 年	92	6	84	1	0
合计	2010 年	5034	721	2069	1050	1195
市区	2020 年	2654	523	514	722	895
门头沟区	2020 年	29	3	25	1	0
房山区	2020 年	474	53	246	16	159
通州区	2020 年	299	80	210	8	0
顺义区	2020 年	365	29	328	8	0
昌平区	2020 年	189	46	140	3	0
大兴区	2020 年	228	7	207	14	0
怀柔区	2020 年	97	35	60	2	0
平谷区	2020 年	161	14	146	1	0
密云县	2020 年	153	62	80	10	0
延庆县	2020 年	58	6	50	1	0
合计	2020 年	4705	858	2007	786	1053
市区	2030 年	2877	391	512	779	1195
门头沟区	2030 年	29	2	26	1	0
房山区	2030 年	513	60	256	18	178
通州区	2030 年	332	107	215	9	0
顺义区	2030 年	403	29	364	9	0
昌平区	2030 年	195	47	145	3	0
大兴区	2030 年	251	7	238	6	0
怀柔区	2030 年	96	34	60	2	0
平谷区	2030 年	167	14	151	2	0
密云县	2030 年	151	61	78	12	0
延庆县	2030 年	60	6	53	2	0
合计	2030 年	5073	759	2098	842	1374

（四）各情景地下水变化

图 6.13 和图 6.14 给出了情景 1 的各水平年地下水开采量和农业用水量。

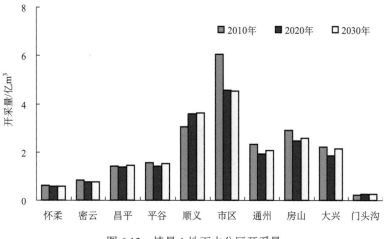

图 6.13　情景 1 地下水分区开采量

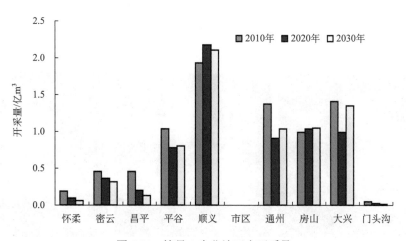

图 6.14　情景 1 农业地下水开采量

其中，2000 年、2010 年、2020 年、2030 年四个水平年的地下水源汇项结果如表 6.37 所示。从表中可以看出，三个水平年的地下水补给量变化不大，而由于从 2010~2030 年，地下水开采量有减小趋势，地下水总排泄量也逐渐变小，使得地下水系统由 2000 年的地下水补给量小于排泄量的负均衡状态转变成 2010 年、2020 年和 2030 年的地下水补给量大于排泄量的正均衡状态，地下水系统得到一定程度恢复。且随着农业用水量和用水结构调整，渠系和渠灌渗漏补给地下水的量依三个水平年逐渐增大，而井灌回归补给量有所减小，结果反映了用于农业的地表水灌溉量逐渐增大，以及地下水开采量逐渐减小的趋势。

表 6.37　情景 1 各水平年地下水源汇项计算结果　　　（单位：亿 m³）

源汇项	2000 年	2010 年	2020 年	2030 年
降水入渗量	9.35	9.35	9.35	9.35
边界流入量	6.12	6.12	6.12	6.12
河流渗漏量	2.27	2.27	2.27	2.27
渠系渗漏量	1.14	1.80	2.69	3.02
渠灌渗漏量	0.25	0.16	0.16	0.19
井灌回归量	1.52	1.09	0.91	0.96
补给量和	20.65	20.78	21.50	21.90
总开采量	24.95	20.33	18.05	18.73
边界流出量	0.35	0.35	0.35	0.35
总排泄量	25.29	20.68	18.40	19.08
补排差	−4.65	0.11	3.10	2.82

　　图 6.15 和图 6.16 分别为各水平年地下水流场图和地下水位降深图。从图中可以看出，北京平原区地下水漏斗中心位于市辖区及其东北部的朝阳区，2020 水平年和 2030 水平年地下水位较 2010 水平年有所上升，以平谷区、密云县、昌平区、海淀部分地区水位上升最为明显。

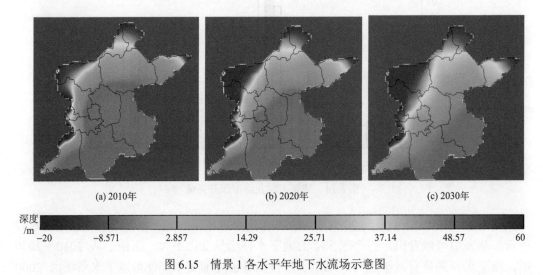

图 6.15　情景 1 各水平年地下水流场示意图

　　研究区大部分地区地下水位呈现出先随时间逐渐降低然后又缓慢回升的过程。从模拟初始时刻 2001～2010 年，由于地下水开采量较大，地下水位逐渐下降。到 2010 年以后，随着南水北调中线调水进入北京，以及农业地下水需水量的减小，地下水总开采量降低，地下水补给量大于地下水排泄量，地下水位有所回升。其中平谷区和房山区由于接受山前侧向补给，水位上升幅度较大，而水位漏斗中心仍然位于市辖区及其东北部的朝阳区。

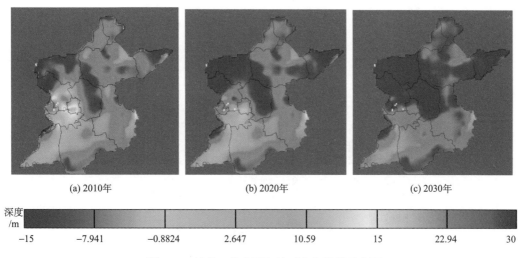

(a) 2010年   (b) 2020年   (c) 2030年

图 6.16 情景 1 各水平年地下水位降落示意图

其中市辖区、通州、房山、大兴、丰台、石景山、门头沟区在 2000～2010 年地下水位逐渐下降，到 2010 年以后，水位逐渐回升，水位基本恢复到现状年水平。而昌平区、平谷区由于山前侧向补给量较大，水位呈现逐年上升的趋势。顺义区虽然开采量较大，但受其周边地区的地下水侧向补给，地下水位变化趋势与其周边地区水位变化趋势一致。市辖区和朝阳区的地下水位降落最为明显，到 2010 年以后，水位不再显著下降，且 2020年以后水位出现小幅上升。房山、石景山和门头沟的水位上升幅度较大，到 2030 年地下水位超出现状地下水位，地下水得到恢复。海淀区水位变化幅度不大，到 2020 年后有逐渐上升的趋势。

各个分区地下水位的变化趋势主要受当地地下水开采量，接受的补给量等综合因素影响。从以上描述可知，情景 1 条件下 2010 年以后随着地下水开采量减小，地下水系统得到一定程度的恢复。

情景 2 的地下水开采量及农业用水量见图 6.17 和图 6.18。

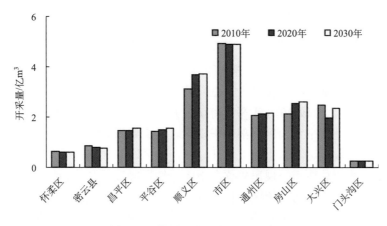

图 6.17 情景 2 地下水分区开采量

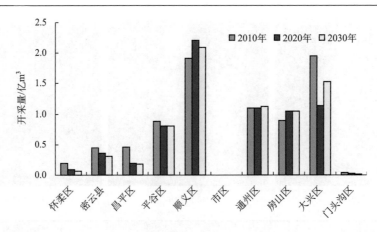

图 6.18   情景 2 农业地下水开采量

表 6.38 为地下水源汇项计算结果表，2000 年地下水系统补给量小于排泄量，2010 年、2020 年和 2030 年地下水补给量大于排泄量。

表 6.38   情景 2 各水平年地下水源汇项计算结果   （单位：亿 m³）

源汇项	2000 年	2010 年	2020 年	2030 年
降水入渗量	9.85	9.85	9.85	9.85
边界流入量	6.12	6.12	6.12	6.12
河流渗漏量	2.27	2.27	2.27	2.27
渠系渗漏量	1.14	2.33	2.91	3.23
渠灌渗漏量	0.25	0.28	0.21	0.24
井灌回归量	1.52	1.10	0.97	1.00
补给量和	21.15	21.95	22.34	22.70
总开采量	24.95	18.63	19.08	19.74
边界流出量	0.35	0.35	0.35	0.35
总排泄量	25.30	18.98	19.43	20.09
补排差	−4.15	2.97	2.91	2.62

图 6.19 和图 6.20 分别为情景 2 条件下各水平年地下水流场图和地下水位降深图。与情景 1 类似，北京平原区地下水漏斗中心位于市辖区及其东北部的朝阳区，2020 水平年和 2030 水平年地下水位较 2010 水平年有所上升，以平谷区水位上升最为明显。而门头沟、丰台和海淀等地地下水出现局部疏干现象。其主要原因是该区地下水开采量较大，超过了地下水补给量，逐渐减小地下水开采量，该区地下水有望得到部分恢复。

各分区地下水位总体上呈现出先逐渐下降，然后缓慢回升的趋势。其中，密云、昌平、平谷、市区、通州、海淀等区水位上升明显。石景山和门头沟区地下水位也有所回升。房山、大兴区水位变幅不大且略有下降。丰台区水位在 2001～2010 年水位逐渐减低，2010 年以后水位逐年升高，到模拟期末接近现状水平年水位。

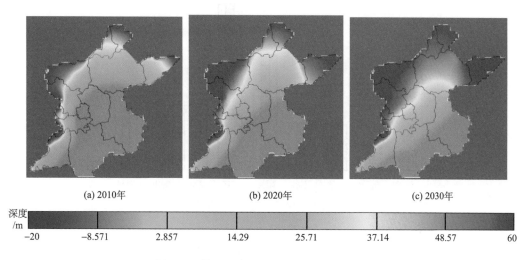

(a) 2010年　　　　　(b) 2020年　　　　　(c) 2030年

深度
/m

-20　　-8.571　　2.857　　14.29　　25.71　　37.14　　48.57　　60

图 6.19　情景 2 各水平年地下水流场示意图

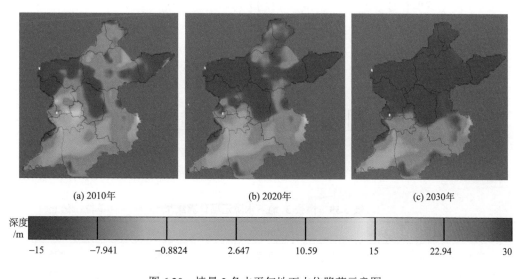

(a) 2010年　　　　　(b) 2020年　　　　　(c) 2030年

深度
/m

-15　　-7.941　　-0.8824　　2.647　　10.59　　15　　22.94　　30

图 6.20　情景 2 各水平年地下水位降落示意图

图 6.21 和图 6.22 分别给出了情景 3 在各水平的地下水开采量和农业用水量。地下水开采量为 19.53 亿～20.54 亿 m³。农业地表水用水量为 1.44 亿～2.87 亿 m³，地下水用于农业水量为 6.29 亿～7.52 亿 m³。

表 6.39 为情景 3 的地下水源汇项计算结果，三个水平年均为补给量大于排泄量，地下水系统呈正均衡。2010 年和 2020 年地下水储量增加 2064 亿 m³，2030 年地下水储量增量为 20.9 亿 m³。从地下水流场图中也可以看出，2020 年与 2030 年地下水流场变化不大，地下水系统基本达到采补平衡。

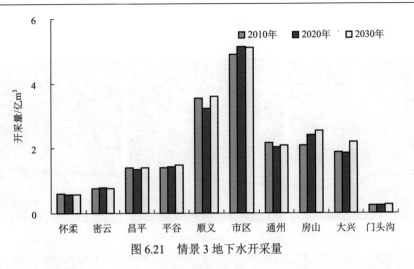

图 6.21　情景 3 地下水开采量

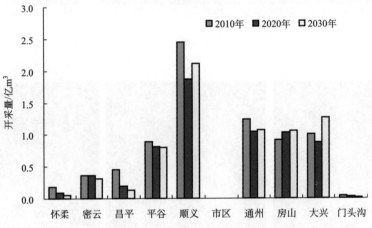

图 6.22　情景 3 农业地下水开采量

表 6.39　情景 3 地下水源汇项计算结果　　　　（单位：亿 m³）

源汇项	2000 年	2010 年	2020 年	2030 年
降水入渗量	9.35	9.35	9.35	9.35
边界流入量	6.12	6.12	6.12	6.12
河流渗漏量	2.27	2.27	2.27	2.27
渠系渗漏量	1.14	2.20	2.54	2.85
渠灌渗漏量	0.25	0.32	0.16	0.17
井灌回归量	1.52	1.05	0.87	0.95
补给量和	20.65	21.30	21.31	21.70
总开采量	24.95	18.31	18.32	19.27
边界流出量	0.35	0.35	0.35	0.35
总排泄量	25.29	18.66	18.67	19.61
补排差	−4.65	2.64	2.64	2.09

图 6.23 和图 6.24 分别为情景 3 条件下各水平年地下水流场图和地下水位降深图。各分区水位变化趋势与情景 2 相类似，变化幅度小于情景 2 中的变幅。除大兴、丰台区地下水位较现状年水位偏低以外，其他地区水位均高于现状年水平。

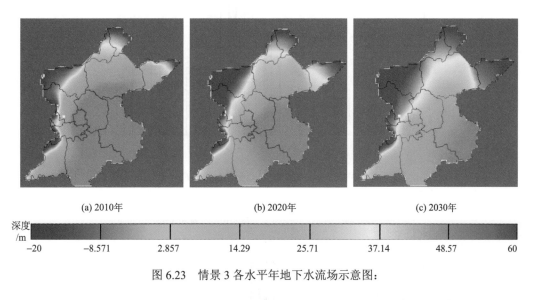

(a) 2010年　　　　　　(b) 2020年　　　　　　(c) 2030年

深度 /m							
−20	−8.571	2.857	14.29	25.71	37.14	48.57	60

图 6.23　情景 3 各水平年地下水流场示意图：

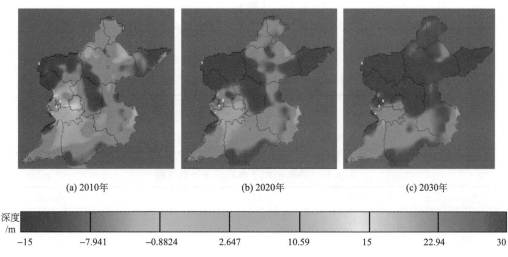

(a) 2010年　　　　　　(b) 2020年　　　　　　(c) 2030年

深度 /m							
−15	−7.941	−0.8824	2.647	10.59	15	22.94	30

图 6.24　情景 3 各水平年地下水位降落示意图

情景 4 各区县具体开采量及农业用水量如图 6.25 和图 6.26 所示。

计算得到各水平年地下水的补给量和排泄量，详细见表 6.40。2010 年、2020 年、2030 年地下水补给量大于排泄量。从情景 4 各水平年的地下水流场图及地下水位降深图中可见平谷、密云、海淀、昌平区水位较高，市辖区和朝阳区水位较低。

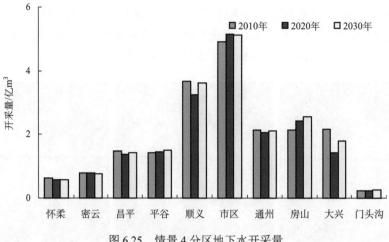

图 6.25　情景 4 分区地下水开采量

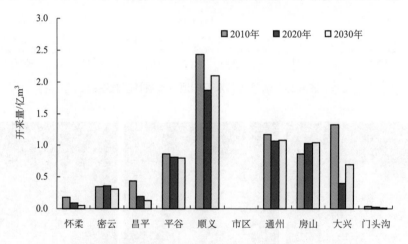

图 6.26　情景 4 农业地下水开采量

表 6.40　情景 4 地下水源汇项计算结果　　　（单位：亿 m³）

源汇项	2000 年	2010 年	2020 年	2030 年
降水入渗量	9.35	9.35	9.35	9.35
边界流入量	6.12	6.12	6.12	6.12
河流渗漏量	2.27	2.27	2.27	2.27
渠系渗漏量	1.14	2.43	2.62	2.95
渠灌渗漏量	0.25	0.30	0.17	0.18
井灌回归量	1.52	1.07	0.81	0.86
补给量和	20.65	21.54	21.33	21.73
总开采量	24.95	18.92	18.02	18.99
边界流出量	0.35	0.35	0.35	0.35
总排泄量	25.29	19.26	18.36	19.34
补排差	−4.65	2.28	2.97	2.38

图 6.27 和图 6.28 分别为情景 4 条件下各水平年地下水流场图和地下水位降深图。从各分区地下水位观测井动态水位图中可知，密云、怀柔区地下水位在模拟初期水位在波动中有所下降，在模拟期末逐渐上升。昌平、平谷区水位上升明显。市辖区、通州、房山、大兴区水位在模拟初期水位呈下降趋势，模拟末期水位不断回升到现状水平或高于现状水位。

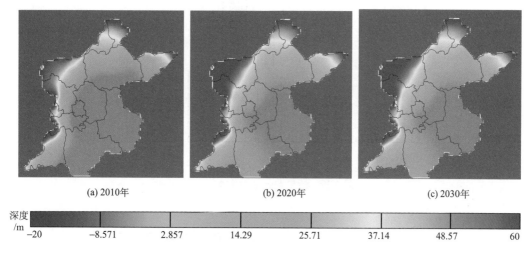

(a) 2010年　　　　　　(b) 2020年　　　　　　(c) 2030年

深度/m							
−20	−8.571	2.857	14.29	25.71	37.14	48.57	60

图 6.27　情景 4 各水平年地下水流场示意图

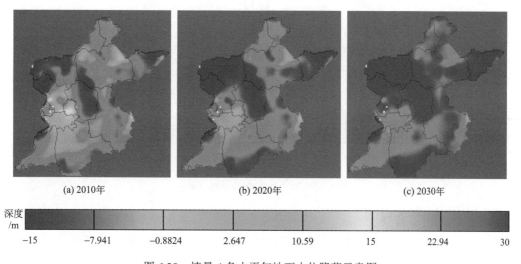

(a) 2010年　　　　　　(b) 2020年　　　　　　(c) 2030年

深度/m							
−15	−7.941	−0.8824	2.647	10.59	15	22.94	30

图 6.28　情景 4 各水平年地下水位降落示意图

情景 5 平原区地下水开采量在 2010 年为 20.13 亿 m^3，2020 年为 18.62 亿 m^3，到 2030 年开采量为 19.74 亿 m^3。三个水平年用于农业的地下水开采量分别为 7.48 亿 m^3、5.84 亿 m^3 和 6.39 亿 m^3，用于农业的地表水分别为 2.94 亿 m^3，1.82 亿 m^3，1.84 亿 m^3。图 6.29 给出了各分区的地下水开采量，可以看出市区开采量最大，顺义次之，其他地区开采量大部分在 2 亿 m^3 以内。从图 6.30 中可知，顺义区农业地下水开采量最大，而市区没有用于农业灌溉的地下水开采，市区开采的地下水用于农业以外的工业、生活等其他行业。

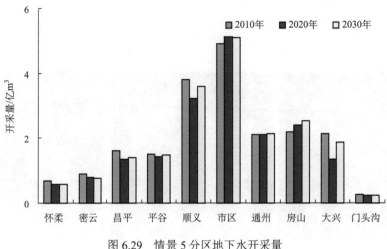

图 6.29　情景 5 分区地下水开采量

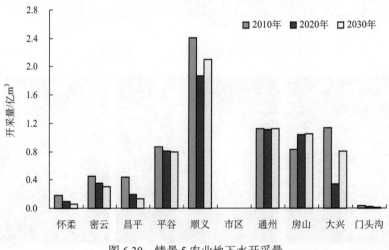

图 6.30　情景 5 农业地下水开采量

表 6.41 给出了情景 5 的地下水各补给量和排泄量。各水平年的降水入渗量、河流渗漏量，以及边界流量保持不变，而随着农业地表水灌溉引水量、地下水灌溉量不同，各水平年下的渠系渗漏量、渠灌渗漏量和井灌回归量值有所不同，各水平年的开采量也不尽相同，其中 2010 年开采量最大，2020 年开采量最小。地下水系统在 2010 年呈负均衡，在 2020 年以后呈正均衡。图 6.31 和图 6.32 给出了各水平年下地下水流场及地下水位降深图。其流场整体变化不大，水位在平谷、房山、大兴区有所回升。市辖区、海淀、丰台水位下降幅度最大。

表 6.41　情景 5 地下水源汇项计算结果　　　　　　（单位：亿 m³）

源汇项	2000 年	2010 年	2020 年	2030 年
降水入渗量	9.35	9.35	9.35	9.35
边界流入量	6.12	6.12	6.12	6.12
河流渗漏量	2.27	2.27	2.27	2.27
渠系渗漏量	1.14	2.81	2.61	2.91
渠灌渗漏量	0.25	0.32	0.20	0.20
井灌回归量	1.52	1.04	0.80	0.89
补给量和	20.65	21.91	21.35	21.74
总开采量	24.95	19.40	17.89	19.00
边界流出量	0.35	0.35	0.35	0.35
总排泄量	25.29	19.75	18.24	19.35
补排差	−4.65	2.16	3.11	2.38

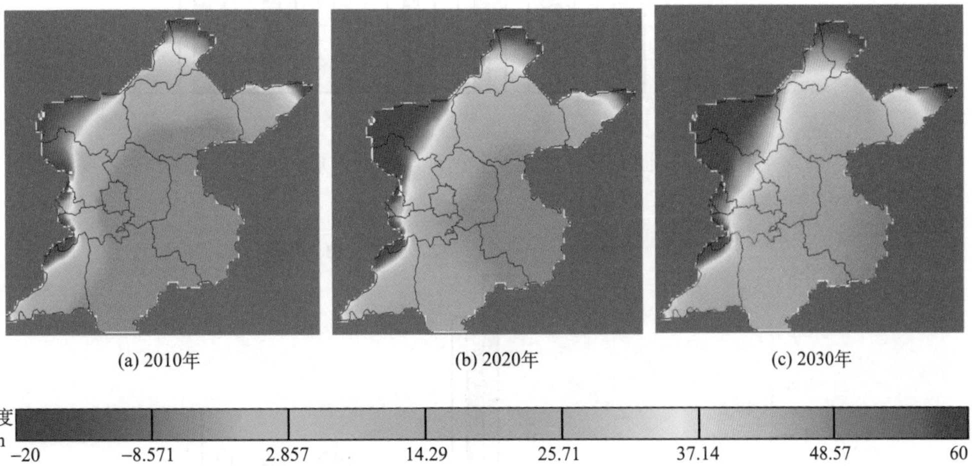

(a) 2010年　　　　　　　(b) 2020年　　　　　　　(c) 2030年

深度 /m

| −20 | −8.571 | 2.857 | 14.29 | 25.71 | 37.14 | 48.57 | 60 |

图 6.31　情景 5 各水平年地下水流场示意图

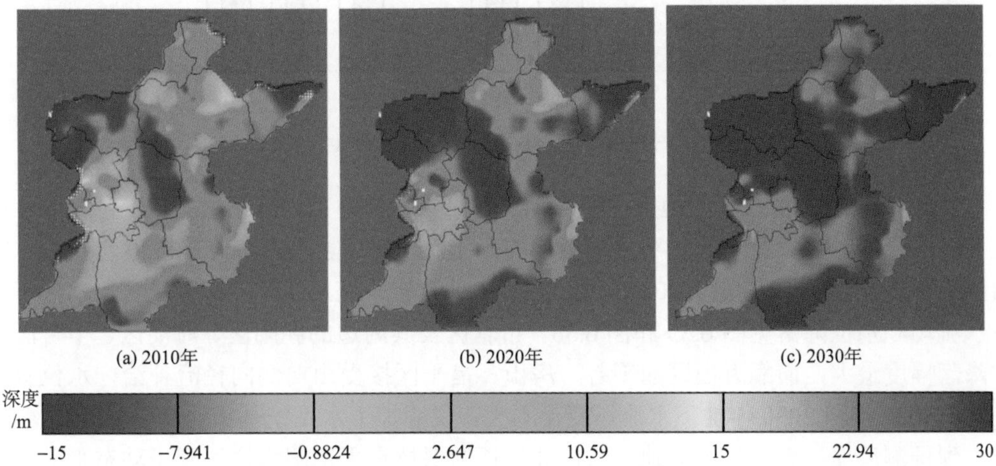

(a) 2010年　　　　　　　(b) 2020年　　　　　　　(c) 2030年

深度 /m

| −15 | −7.941 | −0.8824 | 2.647 | 10.59 | 15 | 22.94 | 30 |

图 6.32　情景 5 各水平年地下水位降落示意图

　　图 6.33 为情景 6 平原区各水平年的地下水开采量，2010 年开采量为 20.69 亿 m³，2020 年最小为 15.95 亿 m³。农业地下水开采量 2010 年为 6.91 亿 m³，最小为 2020 年的 6.51 亿 m³。农业地表水用水量在三个水平年分别为 4.01 亿 m³，1.76 亿 m³ 和 1.86 亿 m³。从图 6.33 中可以看出市区地下水开采量最大，且逐年增加。从图 6.34 中可知，市区没有农业地下水开采量，农业开采量最大的区域为顺义。

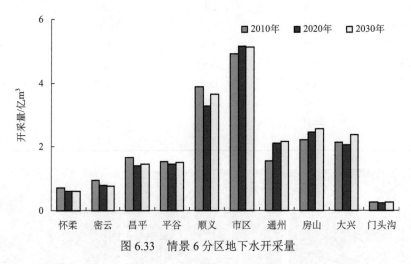

图 6.33　情景 6 分区地下水开采量

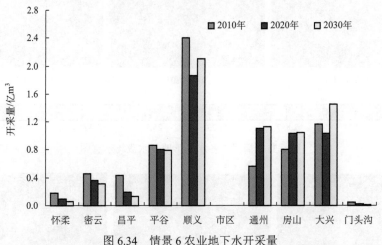

图 6.34　情景 6 农业地下水开采量

　　表 6.42 给出了情景 6 的地下水源汇项计算结果，其中渠系渗漏量、渠灌渗漏量，以及井灌回归量随着农业用水量和用水结构的变化而变化。地下水系统在 2010 年地下水补给量小于排泄量 1.35 亿 m³，2020 年和 2030 年地下水系统呈正均衡。情景 6 各水平年地下水流场和水位降落见图 6.35 和图 6.36。市辖区及其周边的朝阳区、海淀区、丰台区水位降落幅度最大，而靠近山区的平谷、房山、昌平区接受山前侧向径流补给，水位有所上升。2020 年和 2030 年地下水流场变化不大，说明地下水系统基本达到了采补平衡。

　　到预测后期，大部分地区地下水位曲线逐渐保持水平，即水位达到了动态平衡。与其他情景类似，平谷、房山、石景山及门头沟区水位有所上升，高于现状年水位。

表 6.42　情景 6 地下水源汇项计算结果　　　　　（单位：亿 m³）

源汇项	2000 年	2010 年	2020 年	2030 年
降水入渗量	9.35	9.35	9.35	9.35
边界流入量	6.12	6.12	6.12	6.12
河流渗漏量	2.27	2.27	2.27	2.27
渠系渗漏量	1.14	3.06	2.74	3.03
渠灌渗漏量	0.25	0.46	0.20	0.20
井灌回归量	1.52	0.96	0.90	0.99
补给量和	20.65	22.21	21.57	21.96
总开采量	24.95	19.10	18.83	19.70
边界流出量	0.35	0.35	0.35	0.35
总排泄量	25.29	19.45	19.17	20.05
补排差	−4.65	2.77	2.40	1.91

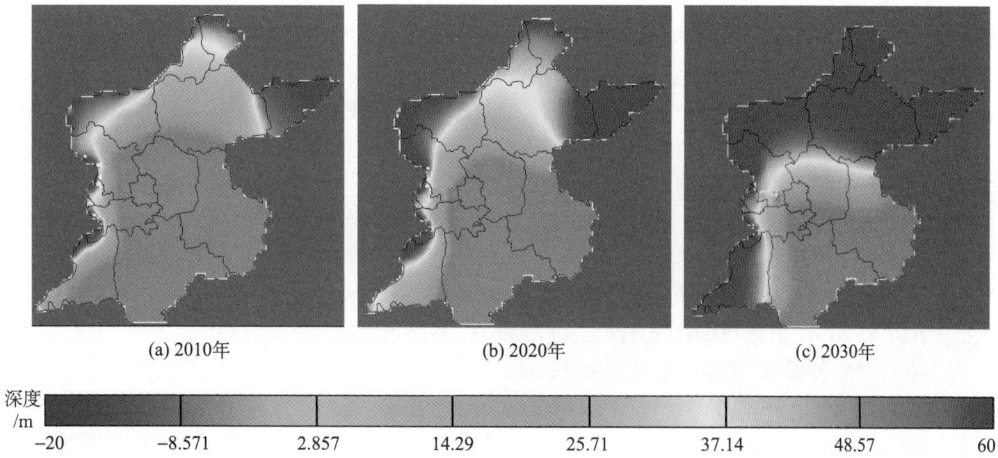

(a) 2010年　　　　　(b) 2020年　　　　　(c) 2030年

深度
/m
−20　　−8.571　　2.857　　14.29　　25.71　　37.14　　48.57　　60

图 6.35　情景 6 各水平年地下水流场示意图

(a) 2010年　　　　　(b) 2020年　　　　　(c) 2030年

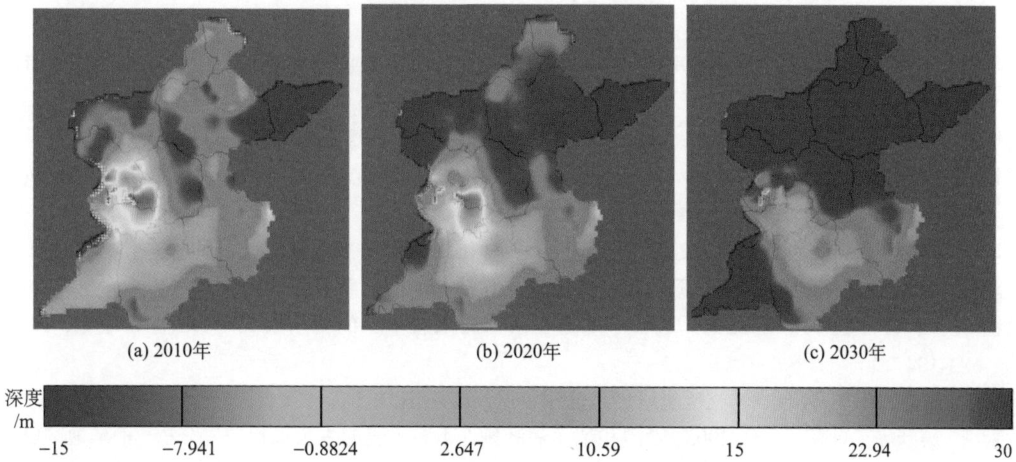

深度
/m
−15　　−7.941　　−0.8824　　2.647　　10.59　　15　　22.94　　30

图 6.36　情景 6 各水平年地下水流场示意图

参 考 文 献

陈喜, 陈洵洪. 2004. 美国 Sand Hills 地区地下水数值模拟及水量平衡分析. 水科学进展, 15(01): 94-99.

董文福, 李秀彬. 2006. 潮白河密云水库流域水资源问题分析. 环境科学与技术, 29(2): 58-60.

高彦春, 龙笛. 2008. 遥感蒸散发模型研究进展. 遥感学报, 12(03): 515-528.

高迎春, 姚治君, 刘宝勤, 等. 2002. 密云水库入库径流变化趋势及动因分析. 地理科学进展, 21(6): 546-553.

郭晓寅. 2004. 遥感技术应用于地表面蒸散发的研究进展. 地球科学进展, 19(01): 107-114.

郝仲勇, 刘洪禄. 2002. 麦秸覆盖条件下果树蓄水保墒技术研究. 节水灌溉, 2: 39-41.

黄妙芬, 刘素红, 朱启疆, 等. 2004. 应用遥感方法估算区域蒸散量的制约因子分析. 干旱区地理, 27(01): 101-105.

李丽娟, 郑红星. 2000. 华北典型河流年径流演变规律及其驱动力分析——以潮白河为例. 地理学报, 55(3): 309-316.

李淑芹, 雷廷武, 詹卫华, 等. 2006. 修剪留茬高度对北京地区草坪草耗水量的影响. 农业工程学报, 22(11): 74-78.

李仙岳, 杨培岭, 任树梅, 等. 2009. 高含砾土壤中保水剂对杏树蒸腾及果实品质的影响. 农业工程学报, 25(4): 78-81.

刘绍民, 孙睿, 孙中平, 等. 2004. 基于互补相关原理的区域蒸散量估算模型比较. 地理学报, 59(3): 332-339.

马耀明, 王介民. 1997. 非均匀陆面上区域蒸发(散)研究概况. 高原气象, 16(04): 446-452.

毛德发, 周会珍, 胡明罡, 等. 2011. 区域综合节水效果的遥感评价研究与应用. 遥感学报, 15(2):344-348.

秦大庸, 吕金燕, 刘家宏, 等. 2008. 区域目标 ET 的理论与计算方法. 科学通报. 53(19): 2384-2390.

任宪照, 吴炳方, 2014. 流域耗水管理方法与实践. 北京: 科学出版社.

田国良. 2006. 热红外遥感. 北京: 电子工业出版社.

王浩, 吴炳方, 李晓松, 等. 2011. 流域尺度的不透水面遥感提取. 遥感学报, 15(2): 394-407.

王建东, 龚时宏, 隋娟, 等. 2008. 华北地区滴灌灌水频率对春玉米生长和农田土壤水热分布的影响. 农业工程学报, 24(2): 39-45.

王志平, 李昌伟, 王克武, 等. 2007. 不同灌溉条件对小麦节水品种产量和水分生产效率的影响. 北京农业, (5): 3-7.

王忠静, 杨芬, 赵建世, 等. 2009. 基于分布式水文模型的水资源评价新方法. 水利学报, 39(12): 1279-1285.

吴炳方, 蒋礼平, 闫娜娜, 等. 2011. 流域耗水平衡方法与应用. 遥感学报, 15(2): 289-304.

吴炳方, 熊隽, 闫娜娜, 等. 2008. 基于遥感的区域蒸散量监测方法 ETWatch. 水科学进展, 19(5): 671-678.

吴炳方, 苑全治, 颜长珍, 等. 2014. 21 世纪前十年的中国土地覆盖变化. 第四纪研究, 34(4): 723-731.

辛晓洲. 2003. 用定量遥感方法计算地表蒸散. 北京: 中国科学院遥感应用研究所.

徐磊, 杨培岭, 韩玉国, 等. 2005. FA 旱地龙在京郊甜瓜栽培上的应用研究. 水土保持学报, 19(5): 183-194.

徐宗学, 程磊. 2010. 分布式水文模型研究与应用进展. 趋势, 1(3): 5-6.

姚素梅, 康跃虎, 刘海军, 等. 2005. 喷灌和地面灌溉条件下冬小麦的生长过程差异分析. 干旱地区农业研究, 23(5): 143-147.

张淼, 吴炳方, 于名召, 等. 2015. 未种植耕地动态变化遥感识别——以阿根廷为例. 遥感学报, 19(4): 550-559.

张仁华, 孙晓敏. 2002. 以微分热惯量为基础的地表蒸发全遥感信息模型及在甘肃沙坡头地区的验证. 中国科学(D 辑), 32(12): 1042-1050.

朱文珊, 王坚. 1996. 地表覆盖种植与节水增产. 水土保持研究, 3(3):141-145.

朱晓春, 王白陆, 王韶华, 等. 2009. 海河流域节水和高效用水战略. 天津: 水利部海河水利委员会.

邹养军, 魏钦平, 李嘉瑞, 等. 2006. 根系分区灌水对苹果叶片内源激素及生长的影响. 园艺学报, 33(5): 1039-1041.

Allen R G, Pereira L S, Raes D, et al. 1998. Crop evapotranspiration-Guidelines for computing crop water requirements-FAO Irrigation and drainage paper 56. Irrigation and drainage paper, 300.

Allen R G, Pereira L S, Raes D, et al. 2007. Satellite-based energy balance for mapping evapotranspiration with internalized calibration(METRIC)-model. Journal of Irrigation and Drainage Engineering, 133. 380-394.

Anderson R G, Goulden M L. 2009. A mobile platform to constrain regional estimates of evapotranspiration. Agricultural and Forest Meteorology, 149(5): 771-782.

Bastiaanssen W G M, Pelgnum H, Wang J, et al. 1998b. A remote sensing surface energy balance algorithm for land(SEBAL)2. Validation. Journal of Hydrology, 213-229.

Bastiaanssen, Menenti M, Feddes R A, et al. 1998a. A remote sensing surface energy balance algorithm for land(SEBAL). 1. Formulation. Journal of Hydrology, 212(213): 198-212.

Blyth E M, Harding R J. 1995. Application of aggregation models to surface heat flux from the Sahelian tiger bush. Agricultural and Forest Meteorology, 72(3): 213-235.

Brulsaerl W, Stricker H. 1979. An advection-aridity approach to estimate actual regional evapotranspiration. Water Resource Research, 15: 443-450.

Choudhury B J, Ahmed N U, Idso S B, et al. 1994. Relations between evaporation coefficients and vegetation indices studied by model simulations. Remote Sensing of Environment, 50(1): 1-17.

Cleugh H A, Leuning R, Mu Q Z, et al. 2007. Regional evaporation estimates from flux tower and MODIS satellite data. Remote Sens Environ, 106: 285-304.

Clothier B E, Clawson K L, Pinter P J, et al. 1986. Estimation of soil heat flux from net radiation during the growth of alfalfa. Agricultural and Forest Meteorology, 37(4): 319-329.

Crowley R, Richard C. 2005. Complementary relationships for near-instantaneous evaporation. Journal of Hydrology, 1-4(300): 199-211.

Dolman A J. 1993. A multiple-source land surface energy balance model for use in general circulation models. Agricultural and Forest Meteorology, 65: 21-45.

Farahani H J, Hoewll T A, Shuttleworth W J, et al. 2007. Evapotranspiration: Progress in Measurement and Modeling in Agriculture. American Society of Agricultural and Biological Engineers, 50(5): 1627-1638.

French A N, Jacob F, Anderson M C, et al. 2005. Surface energy fluxes with the advanced spaceborne thermal emission and reflection radiometer (ASTER) at the Iowa 2002 SMACEX site(USA). Remote Sensing of Environment, 99(1-2): 55-65.

Granger R J. 2000. Satellite-derived estimates of evapotranspiration in the Gediz basin. Journal of Hydrology, 1-2(229): 70-76.

Gu T, Li Y H, Liu B. 2009. Application and research of ground-water management based on ET in North China. Proceedings of international Symposium of Hai Basin Integrated water and Environment

Management. Sydney: Orient Academic Forum.

Huntingford C, Allen S J, Harding R J, et al. 1995. An intercomparison of single and dual-source vegetation-atmosphere transfer models applied to transpiration from Sahelian savannah. Bound-Layer Meteorol, 74(1995): 397-418.

Jackson R D. 1981. Discrimination of growth and water stress in wheat by various vegetation indices through clear and turbid atmospheres. Remote Sensing of Environment, 13(3): 187-208.

Jensen M E. 2007. Beyond irrigation efficiency. Irr Sci, 25: 233-245.

Kabat P, Prince S D, Prihodko L. 1997. Hydrologic Atmospheric Pilot Experiment in the Sahel(HAPEX Sahel), Methods, measurements and selected results from the West Central Supersite, Report 130, DLO Winand Staring Centre, Wageningen, The Netherlands, 215-221.

Kalma J D, McVicar T R, McCabe M F. 2008. Estimating land surface evaporation: a review of method using remotely sensed surface temperature data. Surveys in Geophysics, 29: 421-469.

Kohsiek W, Liebethal C, Foken T, et al. 2007. The energy balance experiment EBEX-2000. Part III: Behaviour and quality of the radiation measurements. Boundary-Layer Meteorology, 123(1): 55-75.

Kustas W P, Daughtry C S T. 1990. Estimation of the soil heat flux/net radiation ratio from spectral data. Agricultural and Forest Meteorology, 49(3): 205-223.

Kustas W P, Schmugge T J, Humes K S, et al. 1993. Relationships between evaporative fraction and remotely sensed vegetation index and microwave brightness temperature for semiarid rangelands. Journal of Applied Meteorology and Climatology, 32(12), 1781-1790.

Li Z L, Tang R L, Wan Z M, et al. 2009. A review of current methodologies for regional evapotranspiration estimation from remotely sensed data. Sensors, 9: 3801-3853.

Marquardt D W. 1963. An algorithm for least-squares estimation of nonlinear parameters. Journal of the Society for Industrial and Applied Mathematics, 11(2): 431-441.

Mauder M, Liebethal C, Gckede M, et al. 2006. Processing and quality control of flux data during LITFASS-2003. Boundary-Layer Meteorology, 121: 67-88.

Meijninger W M L, Hartogensis O K, Kohsiek W, et al. 2002a. Determination of area averaged sensible heat flux with a large aperature scintillometer over a heterogeneous surface-Flevoland field experiment. Boundary-Layer Meteorology, 105: 37-62.

Moran M S, kustas W P, Vidal A, et al. 1994. Use of ground-based remotely sensed data for surface energy balance evaluation of a semiarid rangeland. Water Resour, 30(5): 1339-1349.

Morton F I. 1983. Operational estimates of areal evapotranspiration and their significance to the science and practice of hydrology. Journal of Hydrology, 66(1-4): 1-76.

Murray T, Verhoef A. 2007. Moving towards a more mechanistic approach in the determination of soil heat flux from remote measurements Part I. A universal approach to calculate thermal inertia. Agricultural and Forest Meteorology, 147(2007): 80-87.

Murray T, Verhoef A. 2007. Moving towards a more mechanistic approach in the determination of soil heat flux from remote measurements. Part II. Diurnal shape of soil heat flux. Agric For Meteorol, 147: 88-97.

Nemani R R, Running S W. 1989. Estimation of regional surface resistance to evapotranspiration from NDVI and thermal-IR AVHRR data. Journal of Applied Meteorology and Climatology, 28(4): 276-284.

Nishida K, Nemani R R, Running S W, et al. 2003. An operational remote sensing algorithm of land surface evaporation. Journal of Geophysical Research, 108(D9): 4270.

Norman J M, Becker F. 1995. Terminology in thermal infrared remote sensing of natural surfaces. Agriculture and Forest Meteorology, 77: 153-166.

Perry C. 2007. Efficient irrigation; inefficient communication; flawed recommen-dations. Irrigation and Drainage, 56: 367-378.

Schüttemeyer D, Moene A F, Holtslag A A M, et al. 2006. Surface fluxes and characteristics of drying semi-arid terrain in West Africa. Boundary Layer Meteorology,

Seckler D. 1996. New era of water resources management: From dry to wet watersavings. Research Report. International Water Management Institute, Colombo, Sri Lanka.

Shuttleworth W J, Wallace J S. 1985. Evaporation from sparse crops-an energy combination theory. Quarterly Journal of the Royal Meteorological Society, 111(469): 839-855.

Su Z, Jia L, Gieske A, et al. 2005. In-situ measurements of land-atmosphere exchanges of water, energy and carbon dioxide in space and time over the heterogeneous Barrax site during SPARC2004. Forest, 202(30).

Su Z. 1999. The Surface Energy Balance System(SEBS)for estimation of turbulent heat fluxes. Hydrol Earth Syst Sci, 6(1): 85-100.

Sun Z G, Wang Q X, Matsushita B, et al. 2009. Development of a simple remote sensing evapotranspiration model(Sim-ReSET): Algorithm and model test. Journal of Hydrology, 376: 476-485.

Teixeira A H de C, Bastiaanssen W G M, Ahmad M D, et al. 2009a. Reviewing SEBAL input parameters for assessing evapotranspiration and water productivity for the Low-Middle sao Francisco River basin, Brazil: Part A: Calibration and Vadiation. Agricultural and Forest Meteorology, 3-4(149): 462-476.

Teixeira A H de C, Bastiaanssen W G M, Ahmad M D, et al. 2009b. Reviewing SEBAL input parameters for assessing evapotranspiration and water productivity for the Low-Middle sao Francisco River basin, Brazil: Part B: Application to the regional ccale, 3-4(149): 477-490.

Wallace J S, Holwill C J. 1997. Soil evaporation from tiger-bush in south-west Niger. Journal of Hydrology, 188-189: 426-442.

Wang C M, Wang P X, Zhu X M, et al. 2008. Estimations of evapotranspiration and surface soil moisture based on remote sensing data and influence factors.

Wang K C, Wang P C, Li Z Q, et al, 2007. A simple method to estimate actual evapotranspiration from a combination of net radiation, vegetation index, and temperature. Journal of Geophysical Research Atmosphere, 112: D15106.

Wang W, Liang S, Meyers T. 2008. Validating MODIS land surface temperature products using long-term nighttime ground measurements. Remote Sensing of Environment, 112(3): 623-635.

Widmoser P. 2009. A discussion on and alternative to the Penman-Monteith equation. Agriculture and Forest Meteorology, 96(4): 711-721.

Willardson L S, Allen R G, Frederiksen H D. 1994. Eliminating Irrigation Efficien-cies , USCID 13th Technical Conference, Denver, Colorado, 19-22 October, 15.

Wu B F, Jiang L P, Yan N N, et al. 2014. Basin-wide evapotranspi-ration management: Concept and practical application in Hai Basin, China. Agric Water Manag, 145, 145-153.

Wu B F, Yan N N, Xiong J, et al. 2012. Development and validation of spatial ET data sets in the Hai Basin from operational satellite measurements. Journal of Hydrology, 436-437: 67-80